国家民委人文社会科学重点研究基地西南民族地区基层治理研究中心资助
国家社科基金西部项目最终成果

西部重点生态功能区转移支付法治化研究

谭 洁 著

中国财经出版传媒集团
中国财政经济出版社

图书在版编目（CIP）数据

西部重点生态功能区转移支付法治化研究 / 谭洁著．--北京：中国财政经济出版社，2023.3

（广西中华民族共同体意识研究院系列丛书）

ISBN 978-7-5223-2007-6

Ⅰ.①西…　Ⅱ.①谭…　Ⅲ.①区域生态环境-补偿机制-转移支付制度-研究-中国　Ⅳ.①X321.2 ②F812.457

中国国家版本馆 CIP 数据核字(2023)第 032224 号

责任编辑：闫　娟　　责任校对：胡永立　　责任印制：刘春年

西部重点生态功能区转移支付法治化研究

XIBU ZHONGDIAN SHENGTAI GONGNENGQU ZHUANYI ZHIFU FAZHIHUA YANJIU

中国财政经济出版社 出版

URL：http：//www.cfeph.cn

E-mail：cfeph@cfeph.cn

社址：北京市海淀区阜成路甲 28 号　邮政编码：100142

营销中心电话：010-88191522

天猫网店：中国财政经济出版社旗舰店

网址：https：//zgczjjcbs.tmall.com

北京财经印刷厂印刷　各地新华书店经销

成品尺寸：170mm×240mm　16 开　13.25 印张　202 000 字

2023 年 3 月第 1 版　2023 年 3 月北京第 1 次印刷

定价：68.00 元

ISBN 978-7-5223-2007-6

（图书出现印装问题，本社负责调换）

本社质量投诉电话：010-88190744

打击盗版举报热线：010-88191661　QQ：2242791300

自　序

新时代民族工作以铸牢中华民族共同体意识为主线不断向前推进，促使各民族紧跟时代步伐，共同团结奋斗、共同繁荣发展，形成增强共同体凝聚力、朝向中华民族伟大复兴的合力。

广西民族大学广西中华民族共同体意识研究院于 2018 年 12 月挂牌成立为广西民族大学的校级科研机构。2019 年 9 月，获批为广西高校人文社会科学重点研究基地。2020 年 2 月，入选由中央统战部、中央宣传部、教育部、国家民委联合发文公布的“铸牢中华民族共同体意识研究基地”。2020 年 8 月，获批为广西首批高端智库建设试点单位。2021 年 9 月，获批为广西首批“铸牢中华民族共同体意识研究基地”。广西中华民族共同体意识研究院以习近平新时代中国特色社会主义思想为指导，以铸牢中华民族共同体意识为主线，以服务党和国家民族工作为主要任务，依托广西民族大学民族学一级学科博士点和民族学博士后科研流动站，按照理论性、政策性、实践性“三性合一”的理念，理论方面重点构建“铸牢中华民族共同体意识的理论体系”，总结“广西经验”丰富“中国经验”；政策咨询方面侧重服务“铸牢中华民族共同体意识示范区建设”的实践需求，推广“广西模式”充实“中国模式”；实践应用方面着重搭建“铸牢中华民族共同体意识培训平台”，用“广西声音”讲好“中国故事”，夯实铸牢中华民族共同体意识的思想基础。研究院的成立和发展，必将为推动构建具有中国特色的民族研究学科体系、学术体系和话语体系，以及总结广西模式、广西经验，用“广西声音”讲好“中国故事”，为政府部门对铸牢中华民族共同体意识示范区的建设以及深化民族团结进步教育的实践提供强有力的智力支持。本书作为广西中华民族共同体意识研究院系列丛书之一，着眼于以广西为西部地区样本，研究铸牢中华民族共同体意识先锋示范区的生态转移支付，归纳地方经验，总结普适性规律。

生态文明是人类文明发展进步的新形态和新道路。近年来，由于生态退化、环境恶化，生态功能区划的设计、主体功能区的建设、重点生态功能区及其配套财政转移支付制度的建立成为生态环境保护领域的重点和焦点问题，也是生态文明建设的重要内容。国家重点生态功能区转移支付是为维护国家生态安全，促进生态文明建设，引导地方政府加强生态环境保护，提高国家重点生态功能区所在地政府基本公共服务保障能力而设立的转移支付。这笔资金对于西部地区，尤其是西部民族地区，有着特殊重要意义。新时代民族地区的战略地位至关重要，既是兴边富民行动的前沿阵地、重要的资源供给地，又是铸牢中华民族共同体意识的先锋示范地，然而，民族地区自然生态环境脆弱、生态系统稳定性低、承灾能力弱，自然生态环境治理难度日益加大，经济社会发展面临的生态制约明显。因此，规范这笔资金的分配、使用和监管以实现法治化目标迫在眉睫。广西是全国少数民族人口最多的自治区，也是多民族聚居区，是“全国民族团结进步示范区”。2021 年 11 月，中国共产党广西壮族自治区第十二次代表大会把建设铸牢中华民族共同体意识示范区纳入新时代中国特色社会主义壮美广西建设的目标任务。鉴于广西区位优势明显、战略地位重要，且是我国重要生态功能区之一，在西部生态文明建设中具有典型性，以广西为蓝本来研究西部重点生态功能区转移支付法治化问题，具有较好的样本价值。

本书提出应当从建立完备的财政法律规范体系，创建高效的财政法治实施体系，以及构建严密的财政法治监督体系着力，加速转移支付法治化的进程。针对重点生态功能区转移支付资金分配中生态扶贫资金缺口大、向财力较弱地区和生态环境质量较差地区倾斜不够、生态监管绩效奖惩资金分配效果不明显等问题，本书提出通过重点生态功能区横向转移支付的法治化，丰富和规范资金来源的建议；此外，还给出了完善重点补助、引导性补助、生态扶贫补助、生态监管绩效奖惩资金分配的建议；在资金使用的过程中，面对有限的转移支付资金没能发挥生态保护的引领示范作用、对“改善民生”的误解导致资金使用效果不明显、县域经济考核指标体系制约转移支付资金使用目标的实现、生态护林员劳务补助资金发放不合理影响生态扶贫效果等困境，本书从优化资金使用方式、使用目标、使用依据等方面设计法治化完善路径；在资金监管的过程中，为解决监管主体多元、职责分散导致监管效率低下，监管依据冲突影响监管效率，奖惩机制设计缺陷减损监管威慑力，配套制度不健全有损监管效力等难题，本书提出了强化外部监督、优化内部监管内容、科学设计奖惩机制的完善建议。

西部重点生态功能区转移支付法治化这一论题涉及民族学、法学、财政学、生态学、经济学等多学科知识，本书的研究并不全面，还有很多问题值得进一步探索。例如，关于建立多元化的主体功能区生态补偿机制、扩大生态补偿资金来源的问题，本书只是着重论述了横向转移支付的法治化构建，对于环境保护税收收入如何纳入生态补偿资金来源范围、怎样完善生态保护政府性基金等问题并未深入探讨。考虑到当前林业碳汇产业发展市场前景广阔，本书提出应将碳汇交易收入纳入重点生态功能区转移支付资金来源范围的建议，但是能否纳入、怎样纳入等问题还需深入研究论证。此外，怎样发挥重点生态功能区转移支付资金在支持生态产业发展和乡村振兴工作中的引导和示范作用等问题也有很高的研究价值，也是推进主体功能区建设迫切需要解决的问题。本书只是在生态转移支付领域的粗浅尝试，书中错谬之处，敬请读者批评指正。

目　录

绪　论

一、研究缘起及意义

（一）研究缘起

习近平总书记高屋建瓴地指出："我们既要绿水青山，也要金山银山。宁要绿水青山，不要金山银山，而且绿水青山就是金山银山。"这里的"绿水青山"就是生态文明的表征。建设生态文明不仅是关系人民福祉、关乎民族未来的千年大计，更是构建人与自然生命共同体的重要组成部分，是弘扬全人类共同价值的重要内容。

党的十九大报告明确和重申，中国特色社会主义事业总体布局是"五位一体"，其中经济建设是根本，政治建设是保障，文化建设是灵魂，社会建设是条件，生态文明建设是基础。只有坚持"五位一体"建设，全面推进、协调发展，才能形成经济富足、政治民主、文化繁荣、社会公平、生态良好的发展格局。

在生态文明建设中，主体功能区是空间载体。主体功能区建设，对于优化国土空间开发格局，统筹经济布局、生态环境保护、人口分布和国土利用，科学布局生产、生活和生态空间等，均具有重要意义。正因如此，优化国土空间开发格局成为生态文明建设的重点任务之一，而优化国土空间开发格局的主要载体，就是实施主体功能区规划。不过，落实主体功能区规划颇为不易，最大难点在于对限制开发区和禁止开发区的管控。于是，“重点生态功能区”这一概念被提出来。

根据《全国主体功能区规划》（国发〔2010〕46号），重点生态功能区包括限制开发重点生态功能区（又称为国家重点生态功能区①）和禁止开发区两类。国家重点生态功能区生态功能十分重要，但生态系统脆弱、资源环境承载能力较低，不适合大规模高强度工业化城镇化开发，因此，必须把增强生态产品生产能力、限制进行大规模高强度工业化城镇化开发作为这一区域的首要任务。由此，国家重点生态功能区的功能定位是：保障国家生态安全、人与自然和谐相处的重要区域、示范区。

不同的国家重点生态功能区承载着不同的生态功能，如：水源涵养、水土保持、防风固沙和生物多样性维护等，其建设和管控的方式也有所区别。2016年9月14日，国务院印发《关于同意新增部分县（市、区、旗）纳入国家重点生态功能区的批复》，至此，国家重点生态功能区覆盖的县市区数量由原来的436个增至676个，占国土面积比例从原来的41%提高到53%。其中涉及五大民族自治区，75个民族自治县（包括2个自治旗）。至2018年，国家重点生态功能区县增至818个。②

中央财政专设重点生态功能区转移支付的目的就是提高生态功能重要地区所在地政府的基本公共服务保障能力，引导地方政府加强生态环境保护，这也是进一步推进生态文明建设、落实绿色发展理念的重要举措。从2008年开始，国家逐年加大重点生态功能区转移支付力度，截至2018年累计投入4431亿元。新时代西部地区的战略地位至关重要，既是兴边富民行动的前沿阵地、新时代重要的资源供给地，又是铸牢中华民族共同体意识的先锋示范地，然而这

① 所谓“国家重点生态功能区”，是指生态系统十分重要，关系全国或较大范围区域的生态安全，目前生态系统有所退化，需要在国土空间开发中限制进行大规模高强度工业化城镇化开发，以保持并提高生态产品供给能力的区域。

② 参见《2018中国生态环境状况公报》第41页。

些地区的生态环境往往十分脆弱，社会条件也较为薄弱。受制于自然地理环境和社会文化因素，西部地区经济发展水平相对滞后，生态问题和经济发展问题相互交织之下，更凸显这项资金的特殊重要性，它对于西部地区的生态保护和民生保障意义深远。

然而，持续增加的资金补助并没有使重点生态功能区的生态环境质量得到显著提高。生态环境部发布的《2018中国生态环境状况公报》显示，全国818个国家重点生态功能区县域中，2018年与2016年相比，生态环境质量变好的县域78个，占9.5%；基本稳定的647个，占79.1%；变差的93个，占11.4%，资金使用的生态保护效益明显不佳。不仅如此，民生保障效益也不容乐观。[①] 那么，效益不佳的原因是什么？如何丰富转移支付的资金来源？怎样优化资金分配方式、创新资金使用方式、完善资金监管方式？种种问题，都与重点生态功能区转移支付法治化有关。

事实上，法治不完备、机制不健全、体制不完善是当前我国重点生态功能区转移支付存在突出问题的主要原因，而要解决这些问题，必须提高重点生态功能区转移支付的法治化水平。正如习近平总书记所说，“只有实行最严格的制度、最严密的法治，才能为生态文明建设提供可靠的保障。”这也是坚持依法治国、依法执政、依法行政共同推进，法治国家、法治政府、法治社会一体建设的必然要求。2020年5月17日，中共中央、国务院印发的《关于新时代推进西部大开发形成新格局的指导意见》指出，强化举措推进西部大开发形成新格局，是党中央、国务院从全局出发，顺应中国特色社会主义进入新时代、区域协调发展进入新阶段的新要求，统筹国内国际两个大局作出的重大决策部署。推进西部大开发形成新格局，要更加注重抓好大保护、大开放，更加注重推动高质量发展。鉴于西部具有典型性，以这一特定地区为样本研究重点生态功能区转移支付法治化问题尤为必要和迫切。就此问题，现有研究还不充分，亟待系统、深入研究。

本研究结合全面依法治国、国家治理现代化、中华民族伟大复兴的时代要求，以规则有效性理论为分析工具，以西部重点生态功能区县为研究对象，围

① 参见《2018中国生态环境状况公报》第41页。

绕创建完备的财政法律规范体系、构建高效的财政法治实施体系、建立严密的财政法治监督体系这根主线，对转移支付资金分配、使用、监管过程中存在的问题、问题产生的原因以及完善的对策展开系统、深入的研究，以期对推进西部重点生态功能区转移支付法治化进程有一定的助益。

（二）研究意义

1. 有利于推进财政事务治理的法治化进程

西部重点生态功能区转移支付资金的筹集、分配、使用和监管是财政事务治理的重要内容。现有规定内容模糊，导致实施过程随意性大，而具有强制性、普适性、稳定性的法律规范是健全西部地区生态转移支付的强有力手段。通过法治化手段，能够更好地规范转移支付行为，更有利于推进财政事务治理的法治化进程。

2. 有助于促进生态文明体制改革目标的实现

2015 年 9 月通过的《生态文明体制改革总体方案》将构建完整系统的生态文明制度体系确定为生态文明体制改革的目标，有力地推进生态文明领域国家治理体系和治理能力现代化，努力走向社会主义生态文明新时代。本研究重点关注生态转移支付资金的筹集、分配、使用、绩效评价和责任追究等内容，这与生态文明体制改革的目标不谋而合，研究成果有助于促进这一改革目标的实现。

3. 有助于解决新时代西部地区不平衡不充分发展问题

《关于新时代推进西部大开发形成新格局的指导意见》指出，西部地区发展不平衡不充分问题依然突出，巩固脱贫攻坚任务依然艰巨，与东部地区发展差距依然较大，维护民族团结、社会稳定、国家安全任务依然繁重，仍然是全面建成小康社会、实现社会主义现代化的短板和薄弱环节。对于欠发达、后发展的西部地区来说，生态是吸引力、发展潜力和生产力，更是经济发展的核心竞争力。本研究积极贯彻落实习近平生态文明思想，牢固树立“绿水青山就是金山银山”的生态脱贫理念，力图创新重点生态功能区转移支付资金的使用方式，变“消极补助”为“积极发展”，充分发挥这项资金的引导示范作用，化解生态保护与经济发展的矛盾，有效解决新时代西部地区发展不平衡不充分问题。这对于增强防范化解各类风险能力，促进区域协调发展，决胜全面建成小康社会，开启全面建设社会主义现代化国家新征程，具有重要现实意义和深远历史意义。

二、研究现状述评

（一）国外研究现状述评

国外相关研究重点集中于生态补偿领域。关于生态补偿的研究最早可追溯到英国经济学家庇古在《福利经济学》一书中提出的“庇古税”（也即“排污收费”），它是遵循“谁污染，谁付费”的原则设计的，根据污染所造成的损失对排污者征收的一种税。“庇古税”可以起到均衡私人成本和社会成本的作用。然而随着工业化的发展，工业越发达的地区对生态资源的消耗越大，而工业落后的地区却承担着生态保护的重大责任，在经济发展方面受到严格的限制。由于生态保护责任主体与受益主体日益多元化，生态保护领域权责利不一致的现象日趋严重，生态保护难度加大，“谁污染，谁付费”的原则无法解决生态保护实践中的难题，生态补偿制度亟待创新和完善，环境的保护者和生态产品或服务的提供者需更多的补偿。为了适应这一需要，生态补偿制度研究的创新和完善主要体现在以下几个方面。

1. 生态补偿理论基础的多元性

（1）生态学基础。环境和生态本就是一个循环不息的物质和能量代谢的流动过程，人类本质上是环境与自然流动过程中的一个环节，生物多样性与人类的文化多样性是一个整体。基于此，Buizer 等主张使用“生物文化多样性”的概念来取代“生态服务”的概念；① 以 Naess 为代表的“深层生态学”的倡导者反对把人与环境区分开来，原则上赞同生物学范围内的平等主义，倡导多样性原则与共生原则，认为多样性提高了生存潜力、新生命类型产生的机会和生命形式的丰富程度。②

生态学理论为生态补偿制度提供的法理基础如下：必须及时弥补人类活动

---

① Buizer M, Elands B, Vierikko K. Governing cities reflexively——the biocultural diversity concept as an alternative to ecosystem services [J]. Environmental Science & Policy, 2016, 62: 7 - 13.

② Naess A. The shallow and the deep, long - range ecology movement: a summary [J]. Inqury, 1973, 16: 9 - 100.

给自然环境造成的损失，保证遭受人类活动破坏的自然环境得到及时恢复和更新，通过合理的制度安排，使保护者得到合理的利益补偿，使受益者支付等价的获益成本，使破坏者受到严厉的惩罚，人类社会才能实现可持续性发展。

（2）外部性及公共物品和公共资源理论。外部性理论的核心是：一种影响旁观者福利的行为无法完全体现在价格和市场交易之上。[①] 如果对旁观者的影响是不利的，但主体并不需要就其危害行为向受害人进行补偿，就称为负外部性；如果这种影响是有利的，主体在享用好处时并不需要向提供好处的人付款，就称正外部性。[②]

公共物品和公共资源的消费与外部性问题密切相关。公共物品既无消费中的竞争性，又无排他性，因而在消费中容易产生“搭便车”的正外部性问题。公共资源虽然没有排他性，但具有消费中的竞争性，在消费中往往因为过度消耗而导致“公地悲剧”的负外部性问题。归纳起来，这两种类型的物品产生外部性的根本原因是它们虽有价值却并没有价格。萨缪尔森、奥斯特罗姆等给出了解决外部性问题的根本途径：政府管制、税收、将公共物品和公共资源转换为私人物品。这为生态补偿制度提供了重要的法理基础。

（3）产权理论和生态环境价值理论。曼昆在深入研究科斯定理的基础上得出结论：由于没有很好地建立产权，市场不能有效地配置资源，某些有价值的东西未能在法律上明确其所有者的权利。[③] 这对公共物品的提供和生态补偿机制的构建都具有重要的指导意义。

长期以来，生态资源的浪费和过度使用与人们对生态环境价值的认识不足密切相关，生态环境价值理论的研究能够为生态环境的有偿使用、合理定价提供理论指导，是实施生态补偿、确定生态补偿标准的重要价值基础和理论依据。斯密和马克思对劳动价值论的研究对这套理论的形成具有重要作用。

① ［美］萨缪尔森，诺德豪斯．经济学［M］．萧琛主译．北京：人民邮电出版社，2008：320.

② ［美］曼昆．经济学原理——微观经济学分册［M］．梁小民，梁砾译．北京：北京大学出版社，2015：211.

③ ［美］曼昆．经济学原理——微观经济学分册［M］．梁小民，梁砾译．北京：北京大学出版社，2015：227.

2. 生态补偿概念的界定

国外对生态补偿的界定随着生态补偿理论的发展而逐步完善。由最初理解为用于修复受损生态系统或为弥补生态服务功能的损失而异地重建的做法，到后来的生态服务付费（Payment for Environmental/Ecological Services，PES），由于研究对象的复杂性和研究侧重点的不同，学者们对生态补偿的理解和表述也不尽相同，但是，受生态环境外部性理论的影响，这些研究都要遵循破坏者付费和受益者支付的原则。

一是将生态补偿理解为修复、复原或重建那些遭受破坏的生态区域或生态系统。Allen 等（1996）认为生态补偿是使生态破坏区域功能恢复，或通过新建生态区域来替代原有生态功能或质量。① Treweek（2006）在《生态影响评价》中界定生态补偿时也提出了类似的观点。② 皮尔斯等（1996）从可持续发展的角度，提出通过创造正的生态效益的生态修复项目，来补偿其他投资项目造成的生态损害，从而保持自然资本存量不变。

二是将生态补偿理解为生态服务付费（PES），是指生态服务受益者向生态服务提供者支付费用的多少，由生态服务功能价值量的大小决定，以激励各方为维护生态系统服务功能的长期安全做出更大的贡献。这种方式通过交易使外部性内部化，令资源配置达到帕累托最优状态。Cuperus 等（1996）认为：生态补偿是对在发展中所造成的生态功能和质量的损害给予的一种补助，用于改善受损地区的环境质量或者重建具有类似生态功能和环境质量的区域。③ 联合国粮农组织主张环境服务费是"补偿生产者因转变操作方式提供不同组合或更高水平的环境服务而损失的收益。"④ 大多数人都比较认可 Wunder（2005）归纳的生态补偿的定义：当且仅当生态系统服务供给者可靠地提供环境服务时，一种界定清晰的生态系统服务被一个需求者从一个供给者那里买

---

① Allen A O，Feddema J J. Wetland loss and substitution by the Permit Program in southern California，US. Environmental Management. 1996，20（22）：263－274.

② Treweek J. 生态影响评价［M］. 国家环境保护总局环境工程评估中心译. 北京：中国环境科学出版社，2006：181.

③ Cuperus R，Caters K J，Piepers A A G.. Ecological compensation of the impacts of a road—preliminary method of a 50 road link. Ecological Engineering. 1996，（7）：327－349.

④ 联合国粮农组织. 2007 年粮食及农业状况［R/OL］.（2017－09－30）［2022－06－24］. http：//www. fao. org/catalog/ inter－e. htm.

走，而形成的一个自愿交易。该定义反映出生态补偿必须具备的五个特征，即自愿的市场交易、明确的生态服务、生态服务购买者、生态服务提供者、只有生态服务提供者提供生态服务时购买者才支付。[①]

3. 生态补偿类型的归纳

目前国际上生态补偿分为两大类：一是政府购买型，二是市场交易型。

无论是从支付规模还是应用的广泛程度来看，政府购买型都是生态补偿的主要形式。研究者将政府购买型生态补偿主要归纳为以下三种：第一，纵向转移支付，指由国家统筹生态保护财政资金的来源，并且由中央财政向地方财政转移支付。葡萄牙、印度、印度尼西亚、瑞典等国家都有纵向转移支付的实践。[②] 第二，横向转移支付，是根据法律制度的安排，按照一定的标准，数额由受益地区和保护地区协商确定的转移支付。如德国于 1999 年通过立法在消费税中增加能源消耗税，又称为生态税，税收收入在扣除了划归各州消费税 25%后，剩余部分作为补助金直接由工业发达的州按照法定标准拨给经济落后的州。第三，政府补贴，指政府直接将财政资金支付给实施生态保护的主体。美国、英国、哥斯达黎加、墨西哥等国家普遍采用政府补贴来恢复和保护生态。

在市场交易型生态补偿中，学者们最为关注的是碳排放交易和排放许可证交易。碳排放交易市场和排放许可证交易市场的建立缘于《京都议定书》和各国政府制定的节能减排目标。美国学者致力于研究通过法律、规划或者许可证为环境容量和自然资源用户规定使用的限量标准和义务配额，超额或者无法完成配额，可以通过市场买卖来自行调节；澳大利亚学者则侧重于研究通过排放许可证交易，使生态服务商品化，并在市场交易中使生态服务提供者获得收益；哥斯达黎加国内林业碳汇交易活跃，因此该国学者更关心如何促进国际碳汇交易市场的完善和发展。德国学者针对该国企业与中国生态保护区合作进行

① Wunder S. Payment for environmental services: some nuts and bolts. CIFOR Occasional Paper, 2005.

② 李潇 . 基于生态补偿的国家重点生态功能区转移支付制度改革研究［M］. 北京：经济科学出版社，2018：45.

碳排放交易的尝试进行探索和研究。① 由于欧盟的生态标签制度广受欢迎，生态标签制度顺利运行的关键在于建立起能赢得消费者信赖的认证体系，于是认证体系的完善成为研究者关注的焦点。

4. 生态补偿标准的确定

生态效益评价法是广受国外学者欢迎的一种生态补偿标准研究方法，这方面的研究成果也非常多。Costanza（1997）深入分析并定量估算了全球生态系统服务功能价值总和，这一研究成果举世瞩目，有关生态系统服务价值的评价广泛应用于各类生态系统中，有效促进了生态资产评估研究工作的蓬勃发展。② Thomas 和 Holmes（2004）使用随机评价法估计了对分水岭进行修复的收益，并与美国自然资源保护委员会所提供的成本数据进行了对比分析。③ Michael 和 Kaplowitz（2001）采用个体和群体两种不同的调查方法，对位于墨西哥 Chelem 湖的红树林生态系统服务的使用价值和非使用价值分别进行了评价。④ Borie 等（2014）通过对法国的研究发现：法国改革财政转移系统，在对地方政府进行的一次性分配中引入对位于国家公园和自然海洋公园地区的“生态分配”，以反映地区建立和管理自然保护区的成本。⑤ 此外，Plantinga（2001）、Morana 等（2007）将“补偿意愿”作为确定补偿标准时需要考虑的一个重要因素展开研究。⑥

5. 生态补偿绩效评估的创立

生态补偿绩效评估是各地政府为了得到更多的财政收入而提升环境保护的质量和数量，相互展开激烈竞争的重要手段。这一实践需求极大地推动了理论

① 吴越．国外生态补偿的理论与实践——发达国家实施重点生态功能区生态补偿的经验及启示［J］．环境保护，2014（12）：23.

② Costanza R，d´Arge R，de Groot R，et al. The value of the world´s ecosystem services and natural capital［J］. Nature，1997，387：253－260.

③ Thomas P，Holmes，et al. Contingent valuation，net marginal benefits，and the scale of riparian Ecosystem restoration［J］. Ecological Economics. 2004，（49）：19－30.

④ Michael D，Kaplowitz. Assessing mangrove products and services at the local level：the use of focus groups and individual interviews［J］. Landscape and Urban planning. 2001，（56）：53－60.

⑤ Borie M，Mathevet R，Letourneau A，et al. ，Exploring the contribution of fiscal transfers to protected area policy. Ecology & Society，2014，19（1）：119－122.

⑥ Morana，McVittie A，Allcroft D J，et al. Quantifying public preferences for agri－environmental policy in Scotland：a comparison of methods. Ecological Economics，2007，63（1）：42－53.

研究工作的开展。Herzog（2005）评价了瑞士生态效益提供区的生物多样性效果，认为物种丰富度与经营强度密切相关。[①] Pagiola 等（2005）认为生态补偿对于消除贫困的效果非常显著，达成这种效果的前提条件是确定实际贫困人群、贫困人群的参与能力以及补偿数额三方面。[②] Zbinden 等（2005）运用计量经济学方法对哥斯达黎加的森林所有者及农户的生态补偿行为进行分析，结果表明：农场规模、人力资本以及家庭的经济条件等均对生态补偿的参与者有显著影响。[③] Sierra 等（2006）对哥斯达黎加森林资源的生态补偿效率进行研究，结果表明：将生态补偿资金补偿给个人比补偿给地区的补偿效率要高得多。[④] Rui 等（2012）表示，葡萄牙的生态转移支付大多流向了拥有大量生态保护区的地区，并且成为地方保持和增加生态保护区面积的激励措施。[⑤] 梅等（2013）分析了生态增值税的分配收入和转换土地用途的机会成本，发现建立生态保护区获得转移支付是地方政府更大的收入来源。[⑥]

总之，国外学者主要从“资源环境效应分析”“社会经济效果分析”“补偿效率分析”三个方面研究生态补偿绩效评估，实践证明，以生态补偿绩效评估为导向的资金分配方式更有助于实现成本的有效利用和资金高效的利用。生态补偿绩效评估结果被有效运用于指导地方政府的生态保护决策。

（二）国内研究现状述评

目前国内几乎没有专门、系统地研究民族自治地方重点生态功能区转移支付法治化问题的成果，现有研究主要集中在以下几个领域。

---

① Herzog F，DreierS，HoferG，et al. Effect of ecological compensation areason floristic and breeding bird diversity in Swiss agricultural landscapes，Agriculture. Ecosystems and Environment，2005（108）：189 - 204.

② Pagiola S，Arcenas A，PlataisG. Can payments for environmental services help reduce poverty? An exploration of the issues and the evidence to date from Latin America. World Development. 2005，33（2）：237 - 253.

③ Zbinden S，Lee D R. Paying for environmental services：an analysis of participation in CostaRica′s PSA Program. World Development. 2005，33（2）：255 - 272.

④ Sierra R，Russman E. On the efficiency of environmental service payments：a forest conservation assessment in the Osa Peninsula，Costa Rica. Ecological Economics. 2006（59）：131 - 141.

⑤ Rui S，Ring I，Antunes P，et al，Fiscal transfers for biodiversity conservation：the Portuguese local finances law，Land Use Policy，2012，29（2）：261 - 273.

⑥ May P H，The effectiveness and fairness of the “Ecological ICMS” as a fiscal transfer for biodiversity conservation［R］. A Tale of Two Municipalities in Mato Grosso，ESEE Conference，2013.

1. 关于生态文明及西部民族地区生态文明研究

(1) 关于生态文明研究。随着“五位一体”总体布局的提出，生态文明建设成为近年来学界持续关注的热点之一。研究大致集中在两个领域：一是生态文明的基本理论。王雨辰（2009）、郇庆治（2015）、贾学军（2016）探讨了当代西方资本主义生态文明理论和马克思主义生态文明思想；蔡守秋（2014）对人类中心主义“主客两分”和人类生态系统整体主义“主客一体”两种研究范式进行了比较分析，在对“主体人”法律人模式批判的基础上，建构了“生态人”的法律人模式，创设了综合生态系统方法理论，并论证了我国法律体系生态化的正当性；[①] 王雨辰（2020）探讨了生态文明的本质与价值归宿，提出生态文明建设应当破除非人类中心主义思潮所主张的以生态为本位的观点，定位于人类的整体利益和长远利益，并主张必须建立严格的生态法律制度和法规，切实践行“环境正义”；[②] 杨晶（2020）将新时代生态文明建设的价值目标定位为追求人与自然的和谐共生，并主张经济增长与环境保护的协调发展、绿色生产与生活的可持续发展、法制建设与道德建设的协同发展；[③] 张颖和王智晨（2020）、姚修杰（2020）、陈健（2020）、陈建明（2020）、张云飞和李娜（2020）等学者主要从系统论、历史发展、实践逻辑等角度解读并论证了习近平生态文明思想的理论内涵与时代价值。二是生态文明的规范与实践。吕忠梅（2014）对生态文明建设的综合决策法律机制进行了深入研究，认为生态文明建设目标要求建立环境与发展综合决策机制，在法律上必须处理好环境与发展综合决策涉及到的各种利益关系，确定生存权、发展权、环境权的顺序；[④] 王会等（2012）、李悦（2015）、许鹏等（2016）基于生态文明内涵推导出生态文明评价指标体系的基本框架，并构建了包括系统层、目标层、准则层以及具体表征指标的生态文明评价指标体系；[⑤] 刘洪岩（2013）、魏胜强（2016）对我国生态文明建设的立法问题进行了探讨和研究；

---

① 蔡守秋. 基于生态文明的法理学 [M]. 北京：中国法制出版社，2014.

② 王雨辰. 论生态文明的本质与价值归宿 [J]. 东岳论丛，2020 (8)：26.

③ 杨晶. 生态文明建设的价值目标 [J]. 东岳论丛，2020 (8)：34.

④ 吕忠梅. 论生态文明建设的综合决策法律机制 [J]. 中国法学，2014 (3)：20.

⑤ 王会，王奇，詹贤达. 基于文明生态化的生态文明评价指标体系研究 [J]. 中国地质大学学报（社会科学版），2012 (3)：27.

王春光（2016）、雷明（2016）、张琦（2016）、向德平（2016）从提升社会治理能力、乡村治理能力的视角研究了生态文明与开放式扶贫的互动关系；汪永福（2019）、欧阳天健（2019）、吕凌燕（2019）、顾德瑞（2019）从促进生态文明建设的视角对如何完善环境保护税、消费税和资源税进行了深入探讨。

（2）关于西部民族地区生态文明研究。目前国内关于民族地区生态文明的研究主要从宏观和微观两个层面展开。一是宏观层面。潘红祥（2013）从做好生态文明建设的顶层设计和总体部署、完善和制定相关法律法规、健全生态文明考核评价体系和执法机制、建立健全公众参与生态文明建设的机制等方面，深入探讨了民族地区生态文明建设的制度路径；[①] 丁文广和禹怀亮（2016）对中国穆斯林生态自然观进行了深入研究；乔世明等（2017）围绕少数民族地区生态环境保护法治展开深入探析。二是微观层面。袁翔珠（2010）对中国西南亚热带岩溶地区少数民族生态保护习惯进行了深入研究；包玉瑞（2018）、张银花、张建华（2018）、阿拉坦宝力格（2018）、张慧平（2018）、商万里、崔朝辅（2018）、赵海凤等（2018）分别对蒙古族、鄂伦春族、侗族、藏族等少数民族的生态思想、文化及对生态文明建设的贡献进行了分析和解读；乔庆智、张燕红（2018）、史映蕊（2018）、吴合显（2018）分别论证了少数民族地区的产业发展路径、作用和完善对策；郇秀军（2018）、李自然（2018）讨论了民族自治地方的生态移民问题；马勇、孟小伟（2018）、田艳（2019）、毛琳箐、康健（2020）等学者研究了生态文明视阈下非物质文化遗产的特征、开发与保护。

纵观国内关于生态文明及民族地区生态文明的研究，成果丰富、视野开阔，为落实生态文明思想、促进绿色发展、推动生态文明建设奠定了坚实的基础，提供了有力的指导。然而，研究中也存在一些不足，具体表现在以下几个方面：其一，认识不统一，研究缺乏系统性。学者们对生态文明理论的构建、内涵的界定、概念的厘定以及生态文明建设体系与评价标准的建构都存在不同的认识，未能形成系统研究。其二，“五位一体”的生态文明建设与经济建

① 潘红祥．民族地区生态文明建设的制度路径［N］．光明日报，2013-09-04.

设、政治建设、文化建设和社会建设统筹推进的研究深度还不够。其三，研究范式有待创新和重构。其四，研究方法单一，逻辑推演未能与田野调查有机结合。其五，有关民族地区生态文明规范与实践的研究缺乏针对性，研究特色不足，基础理论的归纳总结不够系统深入。

2. 关于转移支付及西部民族地区转移支付研究

（1）关于转移支付研究。财政转移支付制度是现代财政制度的重要内容，也是国家宏观调控的重要手段。我国自 1994 年分税制改革以来，地方政府对转移支付的依赖越来越严重，尤其在贫困地区，转移支付成为地方政府最主要的财政收入来源，直接影响着地方政府的财政支出行为。当前，在我国全面深化改革的背景下，财政转移支付扮演着越来越重要的角色。然而，由于立法的缺失，中央与地方的事权界定不明，转移支付领域存在很多不规范不合理的地方，其作用的发挥受到不同程度的限制，学者们纷纷对此展开研究。黄晓虹和雷根强（2017）集中探讨了政府之间转移支付对城乡居民的收入水平产生的间接性影响，以具有局部有效性的断点回归模型更精确地揭示转移支付对城乡收入差距的扩大效应，并建议通过调整转移支付结构来促进城乡基本公共服务的提供，以缩小城乡收入差距。[①] 董艳梅（2014）从不同的区域和不同的研究视角对我国中央转移支付的效应进行全面分析，依据欠发达地区依赖中央转移支付的特征事实，找出我国现行中央转移支付制度存在的不足与缺陷，探讨欠发达地区实现财政可持续发展的政策路径。[②] 方元子（2017）从财政学和区域经济学的视角研究政府间转移支付与基本公共服务均等化之间的逻辑关系，从制度设计所产生的内在激励机制来审视中国在以转移支付促进均等化过程中所面临的国情约束和体制障碍，初步探讨了地区间公共支出成本差异对中央财政转移支付分配所施加的影响。[③] 王守义（2017）通过理论模型推导出专项转移支付和一般性转移支付对基本公共服务供给效率产生的影响。[④] 徐琰超

① 黄晓虹，雷根强．我国转移支付对城乡收入差距的影响研究［M］．北京：中国财政经济出版社，2017.

② 董艳梅．中央转移支付与欠发达地区财政的关系［M］．北京：社会科学文献出版社，2014.

③ 方元子．政府间转移支付与区域基本公共服务均等化［M］．北京：经济科学出版社，2017.

④ 王守义．财政分权、转移支付与基本公共服务供给效率［M］．北京：社会科学文献出版社，2017.

(2017) 探讨了财政分权和财政转移支付制度不同组合条件下的地方政府税收行为、财政支出行为，对财政分权、转移支付与地方政府福利性支出效率进行了研究，并探析了资源禀赋差异与地方政府支出偏向的关系。[①] 刘志红和王艺民（2018）以及刘勇政等（2019）研究发现：转移支付是影响县级财政总收入增减的主要因素，[②] 转移支付规模的增加降低了地方自有财力水平、助长了地方支出扩张，这一负向激励效应起到主导作用，导致“省直管县”改革显著削弱了地方财政自给能力，不利于改善地方财政治理水平。[③]

（2）关于西部民族地区转移支付研究。西部民族地区政治、经济、历史、文化、自然、地理等多重复杂因素决定了这类地区财政的特殊性，这些特殊性值得深入研究，从而为国家对民族地区实施特殊财政优惠政策提供决策参考。雷振扬和成艾华（2009）分别考察了各类转移支付对民族地区财政能力的均衡效应，均衡效果由高到低排列如下：一般性转移支付、专项转移支付、税收返还、所得税基数返还。其中所得税基数返还产生的是负效应。通过分析研究，对进一步提高民族地区各类财政转移支付的均等化效应提出了相应的对策建议。[④] 段晓红（2016）建议均衡性转移支付与专项转移支付优势互补，加大专项性一般转移支付改革的力度。[⑤] 王华春（2018）通过对影响财政分权的关键性因素实证分析，以民族地区不同层级政府财政收支数据为基础，实证分析民族地区财力均等化实现程度，提出在更为合理财政分权条件下，改善转移支付对民族地区财力均等化和财政收支稳定性效果。[⑥] 邢春娜和唐礼智（2019）利用泰尔指数测算民族地区与沿海地区收入差距，并通过面板数据考察发现：转移支付对民族地区人均收入的拉动程度显著低于沿海地区，一单位转移支付

① 徐琰超. 财政分权、转移支付和地方政府行为［M］. 北京：社会科学文献出版社，2017.

② 刘志红，王艺民.“省直管县”改革能否提升县级财力水平［J］. 管理科学学报，2018（10）：1.

③ 刘勇政，贾俊雪，丁思莹. 地方财政治理：授人以鱼还是授人以渔——基于省直管县财政体制改革的研究［J］. 中国社会科学，2019（7）：43.

④ 雷振扬，成艾华. 民族地区各类财政转移支付的均等化效应分析［J］. 民族研究，2009（4）：24.

⑤ 段晓红. 促进公共服务均等化：均衡性转移支付抑或专项性一般转移支付——基于民族地区的实证分析［J］. 中南民族大学学报（人文社会科学版），2016（2）：135.

⑥ 王华春. 民族地区转移支付、财力均等化和收支稳定效应研究［M］. 北京：中国经济出版社，2018（4）：61.

为民族地区带来的收入增量不足为沿海地区带来收入增量的四分之一。为切实缩小民族地区与沿海地区收入差距，应调整转移支付资金结构，提高均衡性转移支付比重，并改变现行税收返还的分配方式。①

上述研究成果表明，虽然中央转移支付可以促进基本公共服务均等化，但效率转化不足已经成为推升当前公共风险和财政风险的重要因素。② 学者们对此已达成共识，认为效率转化不足具体表现为：其一，转移支付不仅没缩小，反而扩大了城乡收入差距；其二，虽然欠发达地区对中央转移支付的依赖很大，但这笔资金并未帮助欠发达地区财政实现可持续发展，转移支付对西部地区财力均等化和财政收支稳定性效果也不明显；其三，“省直管县”改革显著削弱了地方财政自给能力，在一定程度上恶化了县级财政状况。在分析“效率转化不足”的原因时，学者们归纳出“转移支付结构不合理”“中央财政转移支付分配时对地区间公共支出成本差异考虑不足”“各类转移支付没有实现优胜劣汰”“财政分权不合理”等原因，鲜有学者从当前转移支付制度法治化程度不高的角度深入剖析原因，以西部地区转移支付为研究对象的研究成果更少。在思考解决这一问题的对策时，学者们更多是从财政学和经济学的角度入手提出解决问题的方案，少有学者打破学科的藩篱，综合运用法学、财政学、经济学等多学科的研究手段和方法研究问题、解决问题。

3. 关于法治及财政法治研究

（1）关于法治的研究。人类社会对法治的探讨经久不息、历久弥新，法学家们都认为法治是开放的概念，有很多不同的解释，并没有形成一个明确的、四海皆准的定义。③ 在中国，学者们也一直为中国的法治建设摇旗呐喊，有学者甚至提出了“法治兴，则中国兴”的口号。④ 李步云（2008）认为，现代意义的法治是建立在市场经济、民主政治和理性文化的基础上的，现代法治

① 邢春娜，唐礼智．中央财政转移支付缩小民族地区与沿海地区收入差距研究［J］．贵州民族研究，2019（2）：168.

② 《财政监督》编辑部．规范资金管理，推动转移支付制度进一步完善［J］．财政监督，2019（14）：31.

③ 陈弘毅．法治、启蒙与现代法的精神［M］．北京：中国政法大学出版社，2013：57.

④ 於兴中．法治东西［M］．北京：法律出版社，2015：4.

文明是全人类的共同创造和宝贵财富。[①] 陈弘毅（2013）主张，法治作为一个理想，在现实社会环境里拥有不同的层次，因而可以有不同程度的实现。法治概念不同层次的丰富涵义包括：社会秩序和治安是法治的重要元素之一，国家或政府活动必须有法可依、权力要受限制，司法独立，行政机关必须服从司法机关，法律面前人人平等，法律应达到实质和程序上的基本公义标准，刑法要合乎人权，人权和自由，以及人的价值和尊严（这是法治概念的最高层次）。[②] 在王人博和程燎原（2014）看来，法治是一种兼具理想目标和现实化的客观运动，是实体与形式的统一体，其实体价值是指由法治所决定的法律在目的和后果上应遵循的社会原则，形式价值是由法治决定的法律形式化原则。[③] 季卫东（2014）从现代法治制度设计的角度提出，法治既能限制权力对自由和自治的侵犯，又能为多层多样的社会确立统一规范，还能提供价值上的正当性根据，是我们在考虑重塑权力结构和权威体系时不可回避的选项或者参照物。[④] 於兴中（2015）经过研究得出结论，法治是一种法律文明秩序，其核心内容就是通过法律保护由个人的欲望和趋利性转化而来的权利，法治由权威系统、概念范畴系统、制度安排和文明秩序意识四方面内容构成，其中权威系统以法治理想为主导，概念范畴系统以权利和法律为中心，制度安排以司法制度为基本，文明秩序意识以个人权利及法律为依归。[⑤] 江必新和王红霞（2016）归纳的法治社会的基本内容包括三个方面：其一，制度面，即良善规则或法之合法；其二，心理面，即法之认同；其三，秩序面，即跨越统治与自治之共治秩序。[⑥] 刘作翔（2018）指出，法治思维至关重要，它既是增强执政党执政能力，提高执政本领的要求，也是实现依法治国目标，建设社会主义法治国家不可或缺的思想基础和思维方式。[⑦]

① 李步云．论法治［M］．北京：社会科学文献出版社，2008：190－191.

② 陈弘毅．法治、启蒙与现代法的精神［M］．北京：中国政法大学出版社，2013：57－63.

③ 王人博，程燎原．法治论［M］．桂林：广西师范大学出版社，2014：106－112.

④ 季卫东．通往法治的道路［M］．北京：法律出版社，2015：28.

⑤ 於兴中．法治东西［M］．北京：法律出版社，2015：16－17.

⑥ 江必新，王红霞．国家治理现代化与社会治理［M］．北京：中国法制出版社，2016：17.

⑦ 刘作翔．法治思维如何形成？——以几个典型案例为分析对象［J］．甘肃政法学院学报，2018（1）：1.

(2) 关于财政法治研究。在依法治国的大背景下，对现代财政制度的呼唤要求我们从法学视野下重新认识、理解和构建“财政转移支付制度”，明确中央与地方财政事权和支出责任的划分、转移支付资金的性质、权力的边界等本质问题，以原则和价值为导向，构建财政转移支付制度的法治逻辑。以刘剑文教授为代表的法学专业领域的学者们，从规范的视角对财政转移支付领域存在的问题进行研究，并提出了完善立法的建议。刘剑文和胡瑞琪（2015）经过分析得出结论：财政转移支付法涉及央地分权、财政基本制度以及公民平等权等核心内容，具有央地关系法、财政基本法和财政均等化法三重属性。他们同时建议，财政转移支付法在立法的过程中，必须明确立法宗旨、强化权力监督、落实权利保障。[①] 徐阳光（2009）从法学角度研究财政转移支付法的理念与制度，探究财政转移支付的历史渊源，归纳当代财政转移支付制度的发展模式，分析财政转移支付制度蕴含的财政分权理念，并在评价中国制度现状的基础上，论证财政转移支付法律制度的系统构成。[②] 李楠楠（2018）从权责配置的角度研究发现，中国权责配置的行政化导向以及法律依据的缺失直接导致事权与财权不统一、财力与事权不匹配、事权与支出责任不适应等问题，应当明确界定事权与支出责任范围，建立健全事权法律体系，增加地方政府财政收入，加快完善地方税体系，缩小各级政府财力差距，完善财政转移支付制度。[③] 赵素艳（2016）对财政转移支付程序法控制进行了专门的研究，提出以程序正义理论为指导，将财政转移支付纳入程序法的控制之中是实现财政转移支付法治化和良性运转的重要途径。[④] 倪志龙（2009）从整体构建的思路出发提出，应当辩证地、历史地认识我国分税制体制下财政转移支付法律制度在运行过程中存在的缺陷，借鉴国外财政转移支付法律制度的成功经验，探索完善财政转移支付法律制度的对策。[⑤] 张婉苏（2018）从实现财政转移支付法治化目标的角度展开研究，提出制定财政转移支付法以进一步明确我国财政转移支

① 刘剑文，胡瑞琪．财政转移支付制度的法治逻辑［J］．中国财政，2015（16）：21.

② 徐阳光．财政转移支付制度的法学解析［M］．北京：北京大学出版社，2009.

③ 李楠楠．从权责背离到权责一致：事权与支出责任划分的法治路径［J］．哈尔滨工业大学学报（社会科学版），2018（5）：32.

④ 赵素艳．财政转移支付程序法控制研究［D］．辽宁大学博士学位论文，2016.

⑤ 倪志龙．财政转移支付法律制度研究［D］．西南政法大学博士学位论文，2009.

付制度法治化的目标、支付形式及主体法律责任，这是新时代财政税收体制和经济体系的一项重要内容。[①]

综上，法治是一个具有丰富涵义的多层次的概念。我国社会主义法治不同于西方资本主义法治，其内涵的理解和界定应结合国情，新时代社会主义法治应以习近平新时代中国特色社会主义法治思想和党的二十大报告为指导。财政法治要求通过明确事权与支出责任范围、加强权力监督、增强权利保障、落实权责利相一致来实现良法善治，与习近平新时代中国特色社会主义法治思想一脉相承。

4. 关于重点生态功能区及重点生态功能区转移支付的研究

一是关于重点生态功能区的研究。韩永伟等（2010）依据生态服务的空间转移特性，综合运用频度分析法、专家咨询法和层次分析法，构建了重要生态功能区水源涵养、土壤保持、防风固沙、生物多样性保护和洪水调蓄等典型生态服务的评估指标体系。[②] 张涛和成金华（2017）利用综合指数法与熵权法相结合的方式，从影响因素分析得出生态保护投入、环境污染治理对生态补偿绩效影响最大，并对进一步推进湖北省重点生态功能区生态补偿工作、提升生态补偿绩效提出了建议。[③] 从法学的视角进行研究的成果有：任世丹（2013）通过对重点生态功能区生态补偿法律关系的研究，提出在这一特定区域构建生态补偿法律制度应从理顺相应的法律关系的主体、内容和客体着手。[④] 王灿发和江钦辉（2014）提出在管控结合分级保护原则的基础上构筑一套完整的法律制度体系。[⑤] 陈海嵩（2014）立足现行法律规范，从法律解释和增加立法的角度论述了如何督促相关主体落实生态功能区建设的要求。[⑥] 曹明德（2014）

① 张婉苏．我国财税法中转移支付的公平正义——以运行逻辑与实现机制为核心［J］．政治与法律，2018（9）：80.

② 韩永伟，高馨婷，高吉喜，徐永明，刘成程．重要生态功能区典型生态服务及其评估指标体系的构建［J］．生态环境学报，2010（12）：2986.

③ 张涛，成金华．湖北省重点生态功能区生态补偿绩效评价［J］．中国国土资源经济，2017（5）：37.

④ 任世丹．重点生态功能区生态补偿法律关系研究［J］．湖北大学学报（哲学社会科学版），2013（5）：107.

⑤ 王灿发，江钦辉．论生态红线的法律制度保障［J］．环境保护，2014（Z1）：30.

⑥ 陈海嵩．“生态红线”的规范效力与法治化路径——解释论与立法论的双重展开［J］．现代化学，2014（4）：87.

结合我国政策与法律的发展渊源分析建设生态功能区法律责任的雏形，并展望了其中民事、行政、刑事法律的定位和关系。[①] 黎洁（2016）从公共政策创新的视角研究西部重点生态功能区统筹生态保护、农村减贫与发展。[②] 上述研究为将重点生态功能区建设从公共政策实施阶段推进到规范化实施层面奠定了重要基础。

二是关于民族自治地方重点生态功能区建设研究。2010 年《全国主体功能区划》发布后，对民族自治地方重点生态功能区建设的研究趋向细化，有的学者归纳总结我国民族自治地方的主要生态功能区及其特点；有的则探讨主体功能区规划视野下民族地区环境规制与环境绩效问题。学者们就民族地区重点生态功能区建设广泛开展实证研究。葛少芸（2010）就甘肃甘南藏族自治州黄河重要水源补给生态功能区生态保护与建设项目展开研究，旨在促进水源涵养功能的持续改善、科学引导产业结构调整、确保黄河重要水源补给生态功能的可持续发展、建立生态补偿长效机制。[③] 程进（2013）通过实证研究，归纳总结甘肃省甘南藏族自治州空间冲突的类型、表现形式、形成机理和治理机制。[④] 李红（2011）针对青海藏区重要生态功能区生态恶化形势日益严峻，人口、资源、环境与发展之间的矛盾不断突出等问题展开研究，探讨该区生态环境演变规律、经济发展与生态建设的互动机制、政策等问题。[⑤] 杨润高和李红梅（2012）以云南省怒江傈僳族自治州为例，研究如何建立居民外迁安居、森林生态效益公共偿付体系、均等化公共服务财政投入制度、生态区居民环境与发展决策、限制开发性土地管理、非 GDP 指向的多重目标管理绩效评估等综合的经济发展机制。[⑥] 黄燎隆（2013）以广西为例研究了经济结构调整的主

---

① 曹明德．生态红线责任制度探析——以政治责任和法律责任为视角［J］．新疆师范大学学报（哲学社会科学版），2014（6）：71.

② 黎洁．西部重点生态功能区人口资源与环境可持续发展研究［M］．北京：经济科学出版社，2016：2.

③ 葛少芸．民族地区生态补偿机制问题研究［J］．湖北民族学院学报（哲学社会科学版），2010（2）：154.

④ 程进．我国生态脆弱民族地区空间冲突及治理机制研究［D］．华东师范大学博士学位论文，2013.

⑤ 李红．青海藏区生态功能区的保护和建设措施研究［J］．产业与科技论坛，2011（14）：34.

⑥ 杨润高，李红梅．限制开发类主体功能区主体行为与发展机制研究［M］．北京：中国环境科学出版社，2012.

体功能区战略；[①] 余俊（2016）从法律价值、政府规划、法律制度、社会文化互动协调的角度，对生态保护区内世居民族的环境权和发展问题展开了系统的研究。[②] 米文宝等（2016）以宁夏回族聚居限制开发生态区为研究对象，以主体功能区理论和相关发展理论为指导，以乡镇为单元对宁夏回族聚居限制开发生态区进行功能细分，对不同尺度、类型区域发展机理和模式进行探讨。[③] 廖华（2019）通过研究发现，被划入重点生态功能区的民族地区资源配置权受到一定的限制，导致短期内少数民族发展机会减少、公共服务“流失”和地区额外成本产生，针对这种限制的合法性和对等性，民族地区自治机关应通过内部各部门职能整合，尝试自然资源管理的外部跨界合作，构建多元参与机制，优化资源配置权的行使。[④]

三是关于重点生态功能区转移支付的研究。基础理论研究方面，李国平和李潇（2014）对生态保护成本与效益进行定量分析，推算出生态补偿标准的合理区间，为推动国家重点生态功能区财政转移支付制度改革和完善中国生态补偿机制提供理论支持。[⑤] 祁毓等（2017）指出，生态转移支付是建立在生态环境价值基础上，基于生态环境保护成本和受益对等原则而形成的一种政府间财政补偿机制，着重解决生态环境领域长期存在的正外部性激励不足和负外部性约束无力问题。[⑥] 王德凡（2018）立足于外部性理论、公共产品理论，构建以“生态补偿基金”为核心的区域政府间横向财政转移支付体系。[⑦] 白景明揭

① 黄燎隆．基于经济结构调整的主体功能区战略——以广西民族地区为例［J］．沿海企业与科技，2013（5）：49．

② 余俊．生态保护区内世居民族的环境权与发展问题研究［M］．北京：中国政法大学出版社，2016：10．

③ 米文宝，杨美玲，米楠．宁夏回族地区限制开发生态区区域发展机理与模式研究［M］．银川：宁夏人民出版社，2016：1．

④ 廖华．重点生态功能区建设对民族地区资源配置权的限制及应对研究［J］．中南民族大学学报（人文社会科学版），2019（4）：160．

⑤ 李国平，李潇．国家重点生态功能区的生态补偿标准、支付额度与调整目标［J］．西安交通大学学报（社会科学版），2017（2）：1．

⑥ 祁毓，陈怡心，李万新．生态转移支付理论研究进展及国内外实践模式［J］．国外社会科学，2017（5）：45．

⑦ 王德凡．基于区域生态补偿机制的横向转移支付制度理论与对策研究［J］．华东经济管理，2018（1）：62．

示了生态保护归根结底是解决可持续发展问题，应当在习近平新时代中国特色社会主义思想和党的十九大报告精神的指引下，充分考虑生态保护具有的跨行政区域和生态经济区域特征，着眼于推动区域协调发展来完善生态保护转移支付制度。① 制度分析层面，刘政磐（2014）分析制度存在的诸如资金导向性、转移支付标准测算、转移支付资金调节力度、转移支付制度法律保障等方面的问题，并提出完善对策。② 李国平等（2014）通过对中央和地方重点生态功能区转移支付办法进行文本分析，发现普遍存在保护生态环境和提高民生的双重目标与绩效考核指标体系不一致的问题，导致实践中基本公共服务对生态环境保护的挤出效应，保护生态环境的目标无法得到充分实现。③ 张文彬和李国平（2015）用委托代理关系的分析框架分析指出，作为委托人的中央政府和作为代理人的县级政府签订一个长期的生态保护与生态补偿转移支付契约，中央政府可以据此对县级政府进行考核和奖罚，以激励县级政府对生态保护投入更多的努力。④ 实证分析方面，李国平和李潇（2014）对国家重点生态功能区转移支付资金分配公式进行了推导，并以陕西省为例对资金的分配进行了实证分析，研究发现：国家重点生态功能区转移支付资金分配机制并没有向财力较弱与生态环境质量较差地区倾斜，必须改变公式计算要件“标准财政收支缺口”，改善民生应以保护生态环境为前提，才能促进转移支付政策目标的实现，⑤ 何立环等（2014）围绕国家重点生态功能区转移支付资金绩效评估目标，确定了以县域生态环境质量动态变化值作为转移支付资金使用效果的评价依据，根据区域生态环境质量的基本表征要素，建立了以自然生态指标和环境状况指标为代表的评价指标体系，并且成功应用于实践，取得了很好的效

---

① 白景明．站位区域协调发展完善生态保护转移支付制度［J］．中国财政，2018（2）：16.

② 刘政磐．论我国生态功能区转移支付制度［J］．环境保护，2014（12）：40.

③ 李国平，汪海洲，刘倩．国家重点生态功能区转移支付的双重目标与绩效评价［J］．西北大学学报（哲学社会科学版），2014（1）：151.

④ 张文彬，李国平．国家重点生态功能区转移支付动态激励效应分析［J］．中国人口·资源与环境，2015（10）：125.

⑤ 李国平，李潇．国家重点生态功能区转移支付资金分配机制研究［J］．中国人口·资源与环境，2014（5）：124.

果。[①] 刘璨和陈珂（2017）通过实证研究发现，国家重点生态功能区财政转移支付存在资金测算分配不合理、生态支出与基本公共服务支出资金分配不科学、转移支付力度不足、监测效果与考评错位等问题，并提出了制度保障、技术保障和发展转型等方面的政策建议。[②]

已有的成果均有很高的借鉴价值，为进一步研究拓宽了思路、奠定了基础，但仍存在以下不足：一是经济学、生态学的研究成果多，民族学、法学的研究成果少，结合“五位一体”总体布局的生态文明体制改革背景，综合运用各个学科的研究优势和方法对重点生态功能区转移支付展开深入研究的成果付之阙如。二是由于生态补偿机理、补偿客体等基础理论问题尚未研究透彻，在重点生态功能区转移支付制度设计方面，各方专家的观点不一，缺乏系统科学的论述。三是目前我国重点生态功能区转移支付制度的研究还有待进一步拓展细化。例如：在资金分配上，当前重点生态功能区转移支付标准过低且简单，没有按照生态区位重要性、生态资源的质量、区域经济发展水平、不同禀赋下生态环境保护和恢复的成本差异等因素来确定差异化的补偿标准，难以有效平衡生态环境保护方与公共服务供给方之间的利益冲突；在资金使用上，由于重点生态功能区大多在经济落后地区，地方政府自主支配的资金过多用于民生改善领域；评估考核标准粗略，奖惩力度不大；重点生态功能区转移支付未能与生态产业发展形成联动机制等。针对这些问题，亟待完善制度设计，达到有效指导地方政府积极开展生态环境保护和恢复的效果。四是在重点生态功能区转移支付类型研究领域，纵向转移支付研究成果较丰富，横向转移支付的研究成果却乏善可陈。五是如何推动西部民族自治地方充分行使自治立法权建立生态补偿利益相关方识别及参与机制、生态建设的绩效评估和综合考核机制、生态补偿的动力机制及动态调整机制亟待深入研究。这些不足为进一步研究预留了广阔的空间。

---

① 何立环，刘海江，李宝林，王业耀．国家重点生态功能区县域生态环境质量考核评价指标体系设计与应用实践［J］．环境保护，2014（12）：42.

② 刘璨，陈珂．国家重点生态功能区转移支付相关问题研究［J］．林业经济，2017（3）：3.

三、研究旨趣与创新

（一）研究目的

通过对西部“桂黔滇喀斯特石漠化防治”“南岭山地森林及生物多样性”“水源涵养生态功能区”“水土保持生态功能区”四种类型国家级重点生态功能区县的调研，在掌握重点生态功能区转移支付资金的来源、分配、使用、监管基本情况的基础上，通过定性分析和定量研究，本书试图实现以下研究目的：第一，澄清误读，立法纠偏。《中央对地方重点生态功能区转移支付办法》及地方重点生态功能区转移支付办法中关于“将重点生态功能区转移支付用于保护生态环境和改善民生”的规定在实践中存在误读，“改善民生”应当是建立在保护生态环境的基础上，旨在变“破坏生态环境”为“保护生态环境”的生活方式，实现生态效益和社会效益双向互动的资金使用方式。第二，完善立法，实现良法善治。充分发挥西部民族自治地方的自治立法权，为横向转移支付提供法律依据；完善因素分配法，根据经济发展水平、不同资源禀赋的重点生态功能区类型、生态环境恢复和保护的成本差异来设计分配因素，使转移支付标准更加公平合理；鼓励资金使用方式由消极使用变为积极使用，提高资金使用效益；创新和强化监督方式，实现权责利相统一。第三，更新观念，促进法规实施增效。国家重点生态功能区转移支付资金应当充分发挥在生态保护方面的引导和示范作用，做到“四两拨千斤”，撬动更多的社会资金和专项转移支付资金支持生态产业的发展，转变破坏生态环境的粗放型经济发展方式，实现西部的整体和可持续发展。

（二）创新之处

1. 选题创新

学界已有的成果多局限于对主体功能区建设的研究或对主体功能区生态补偿的研究，鲜有专门针对西部地区重点生态功能区转移支付的研究成果，基于“五位一体”总体布局的生态文明建设、乡村振兴、全面依法治国的背景下，研究西部地区重点生态功能区转移支付法治化的成果却较为少见。

2. 观点创新

选题的原创性决定了研究报告在观点上的独创性。在实地调研的基础上，研究报告结合西部地区的特殊性和优势提出：应当充分行使自治立法权，发挥单行条例的优势规范生态转移支付行为；针对实践中环境保护和生态建设资金被挤占挪用的现象，应当在中央和地方重点生态功能区转移支付办法中规定国家重点生态功能区转移支付资金的一定比例必须用于生态建设和环境保护；在财政资金有限的条件下应当变“消极补助”为“积极发展”，既要达到“拒绝破坏”的目的，又要“积极增益”；完善因素分配法，根据经济发展水平、不同资源禀赋的重点生态功能区类型、生态环境恢复和保护的成本差异来设计分配因素，使转移支付标准更加公平合理；应当从绩效评价和法律责任等方面健全资金的监管制度。

3. 研究方法创新

不仅应用传统法学的法解释学方法，还运用民族学人类学田野调查方法，以及生态学、经济学等多学科综合分析的研究方法对相关领域存在的问题及法律对策展开研究，此外，系统论研究方法在研究工作中也起到了重要的指导作用。

四、研究方法与逻辑构架

（一）研究方法

1. 田野调查法

研究报告以西部“桂黔滇喀斯特石漠化防治”等四种类型国家级重点生态功能区县为调查场域，就“重点生态功能区转移支付资金拨付”“重点生态功能区产业准入负面清单编制” “国家重点生态功能区县域生态环境质量监测”“评价与考核工作实施”“聘用建档立卡贫困户为生态护林员”等内容分别走访了县财政局、发改委、生态环保局、自然资源局，对职能部门的主管领导和工作人员、贫困户生态护林员进行深度访谈，召开座谈会征求各方面的意见和建议，在调查取样及分析的基础上归纳总结。笔者特别注重通过多次访谈获得有价值的资料，并通过对经验性资料的获取与运用来深化课题研究。

2. 法解释学的方法

立足目的解释、文义解释等基本法律解释方法，结合“五位一体”总体布局的生态文明建设、乡村振兴、全面依法治国的背景，对《中央对地方重点生态功能区转移支付办法》、地方重点生态功能区转移支付办法、《预算法》、《民族区域自治法》等法律规范进行内涵挖掘和立法目的探析，旨在弥补制度空白，进一步完善立法，实现生态效益和社会效益双向互动，为民族自治地方可持续发展保驾护航。

3. 跨学科综合分析法

财政问题属于当今我国重大领域的社会经济问题，动态性、交叉性、开放性、协同性特征明显，西部重点生态功能区财政转移支付法治化研究离不开民族学、生态学、经济学、法学等多学科的知识积累和运用。例如，在研究如何贯彻习近平总书记提出的以人为本、人与自然和谐为核心的生态理念和以绿色为导向的生态发展观，通过法治化路径，高效利用转移支付资金协调人与自然的关系、协调生态保护与经济社会发展关系等问题时，就需要生态学、经济学、法学等多学科协作攻关。

4. 系统论研究方法

系统论的基本思想是把对象当做结构、功能和行为的集合体。系统论方法的基本特征是，在把握系统的概念、基本组成和性质的基础上，从整体上分析对象。“重点生态功能区”和“法治”都是一个独立的系统，在研究西部地区重点生态功能区财政转移支付法治化的问题时，必须充分认识生态系统结构、过程及生态系统服务功能空间分异规律，明确重点生态功能区对保障国家生态安全的重要意义，系统论的思想能够更好地指导我国重点生态功能区转移支付资金在生态环境保护、自然资源合理开发、产业科学布局中充分发挥引导和示范作用，从而推动我国经济社会与生态环境保护健康协调发展。此外，“法治化”的研究必须充分考虑国家、经济、社会三个根本的外部条件，从法治直接依赖并产生决定性影响的三个外部条件出发来考察法治的适应性问题。

（二）研究报告的逻辑构架

研究报告是在“五位一体”总体布局的生态文明建设、全面依法治国和国家治理现代化的背景下，研究如何通过法治化手段充分发挥重点生态功能区转移支付资金在民族自治地方生态保护方面的引导和示范作用，撬动更多的社会资金和专项转移支付资金支持生态产业的发展，转变破坏生态环境的粗放型生产方式和不良生活方式，实现生态效益和社会效益双向互动，促进西部的整体和可持续发展。除绪论和结语外，研究报告共分五章。

首先是本章绪论，从论述研究的缘起及意义开始，对西部地区重点生态功能区转移支付法治化的研究现状进行述评，指明了研究目的与创新之处，并说明本文的研究方法与逻辑构架。

第一章，西部重点生态功能区转移支付法治化的意义阐释。通过解读相关概念、探讨这一特定区域建设对民族自治地方发展的意义、回顾我国重点生态功能区转移支付制度的设置历程、研究西部重点生态功能区转移支付法治化的必要性，全面阐释西部重点生态功能区转移支付法治化的意义，充分彰显研究的价值。

第二章，西部重点生态功能区转移支付资金分配的现行办法与困境。运用“解剖麻雀”的方法，通过分析国务院和广西壮族自治区的重点生态功能区转移支付办法，结合实地调研的结果，发现在资金分配环节存在转移支付的性质与目标相互掣肘、生态扶贫资金投入与需求不成正比、财力较弱和生态环境质量较差地区的资金投入与需求相距甚远、生态监管绩效奖惩资金分配难以达到预期效果等问题。

第三章，西部重点生态功能区转移支付资金使用的规则与困局。继续沿用“解剖麻雀”的方法，采用法解释学和田野调查的研究方法，通过规范分析，以及对广西四种类型国家级重点生态功能区县的实地调研，发现在资金使用环节存在以下问题：有限的转移支付资金没能发挥生态保护的引领示范作用、对“改善民生”的误解导致资金使用效果不佳、县域经济考核指标体系制约转移支付资金使用目标的实现、生态护林员劳务补助资金发放不合理影响生态扶贫效果。

第四章，西部重点生态功能区转移支付资金监管的规范与难题。运用“解剖麻雀”的方法，通过对重点生态功能区转移支付资金监管主体和职责、资金绩效评估机制、资金奖惩机制等现状的分析，发现预算监督乏力、资金监管效率低、监管缺乏威慑力等问题，究其原因是预算监管体制不合理，监管主体多元化、职责分散，监管依据冲突，奖惩机制设计存在缺陷，配套制度不健全。

第五章，西部重点生态功能区转移支付的法治化路径。通过以下五个方面设计法治化路径。其一，通过制定和修改行政法规、地方性法规、单行条例，进一步完善西部重点生态功能区转移支付的法律渊源；其二，通过建立横向转移支付丰富和规范资金的来源；其三，通过重点补助、引导性补助、生态扶贫补助的完善以及加大生态监管绩效奖惩力度完善资金的分配；其四，从资金使用方式、使用目标、使用依据等方面优化资金的使用；其五，通过强化行政外部监督、优化内部监管内容、科学设计奖惩机制健全资金的监管。

结语部分综合概括绪论中提出、本论中论证的问题，引出并强调结论，同时展望论题研究意犹未尽的内容及未来发展趋势。

第一章

西部重点生态功能区转移支付法治化的意义阐释

本章通过解读重点生态功能区的概念，探讨重点生态功能区建设对西部发展的意义，回顾我国重点生态功能区转移支付制度的设置历程，研究西部重点生态功能区转移支付法治化的必要性，全面阐释了西部重点生态功能区转移支付法治化的意义，充分彰显了研究的价值。

第一节　重点生态功能区概念解读

我国重点生态功能区规划与生态功能区划的设计、主体功能区的建设密切相关，本节通过回顾这一历史进程，着重阐释重点生态功能区的概念和类型，以及国家重点生态功能区的概念和类型，为下文的论述奠定基础。

一、重点生态功能区的规划

（一）我国生态功能区划的设计

经济发展方式和资源配置效率与空间结构的安排息息相关。国土空间不同，自然状况也不一样，资源环境承载能力和利用方式也各异，必须根据不同国土空间的自然属性确定不同的主体功能和开发内容。因此，如若优化经济发展方式、提高空间利用效率，就必须将原来以占用土地为主的国土空间开发重心，转变为以调整和优化空间结构为重，并且将其纳入经济结构调整的内涵中，这也是尊重自然、顺应自然的必然要求。我国生态功能区划的设计、主体功能区的建设，就是遵循"与自然条件和资源环境承载能力相适应""区分主体功能""控制开发强度""合理调整空间结构"以及"可持续性提供生态产品"的理念进行的。

国家生态功能区划是以国家生态调查评估为基础，综合分析确定不同地域单元的主导生态功能，而制定的全国生态功能分区方案。2000 年国务院颁布的《全国生态环境保护纲要》明确提出，要通过建立生态功能保护区，保护和恢复区域生态功能。国家生态功能区划具有约束力，表现为：生态功能区划是实施区域生态分区管理、构建国家和区域生态安全格局的基础，各级政府在编制主体功能区规划、制定重大经济技术政策和各种专项规划时，要依据生态功能区划，优化国土开发格局，划定生态空间，[①] 以维护区域生态安全、促进生态文明建设和社会经济可持续发展。

原环境保护部和中国科学院 2008 年联合发布、2015 年修订的《全国生态功能区划》，主要内容包括六项，其中第六项"生态功能区划的实施"特别强调：由于水源涵养等重要生态功能区对国家和区域生态安全有重大意义，生态功能保护区的建立尤为必要和迫切。对重要生态功能区，要建立并完善生态补偿机制，加大国家和地方财政投入和转移支付力度。鼓励依托重要生态功能区，实施区域之间的横向生态补偿。与此同时还提出：加强重要生态功能区的保护与恢复，经济社会发展应与生态功能区的功能定位保持一致。对生态退化严重、人类活动干扰较大的重要生态功能区实施重大生态保护与恢复工程，遵循以自然恢复为主的原则，在稳步提高生态系统质量的同时，持续降低这一区域的人口压力，减少当地居民对自然生态系统的经济依赖。

（二）我国主体功能区建设

主体功能区是指按照区域的资源环境承载能力、现有开发密度和发展潜力

---

① 参见环境保护部、中国科学院发布的《全国生态功能区划》（2015 年修编版）.

的差异，将国土空间划分为功能各异的区域。2006 年 3 月 14 日，全国人大批准《中华人民共和国国民经济和社会发展第十一个五年规划纲要》（以下简称“十一五”规划纲要），全面布局“推进形成主体功能区”。历经五年艰辛的探索和编制工作，2010 年 12 月 21 日，国务院印发《全国主体功能区规划》[①]，这是我国国土空间开发的基础性、约束性和战略性规划，标志着我国主体功能区建设进入具体实施阶段。

《全国主体功能区规划》在“保障措施”中明确要求：“实行分类管理的区域政策，形成经济社会发展符合各区域主体功能定位的导向机制。”“按主体功能区要求和基本公共服务均等化原则，深化财政体制改革，完善公共财政体系。适应主体功能区要求，加大均衡性转移支付力度。中央财政继续完善激励约束机制，加大奖补力度，引导并帮助地方建立基层政府基本财力保障制度，增强限制开发区域基层政府实施公共管理、提供基本公共服务和落实各项民生政策的能力。中央财政在均衡性转移支付标准财政支出测算中，应当考虑属于地方支出责任范围的生态保护支出项目和自然保护区支出项目，并通过明显提高转移支付系数等方式，加大对重点生态功能区特别是中西部重点生态功能区的均衡性转移支付力度。省级财政要完善对省以下转移支付体制，建立省级生态环境补偿机制，加大对重点生态功能区的支持力度。建立健全有利于切实保护生态环境的奖惩机制。”“鼓励探索建立地区间横向援助机制，生态环境受益地区应采取资金补助、定向援助、对口支援等多种形式，对重点生态功能区因加强生态环境保护造成的利益损失进行补偿。”

二、重点生态功能区的界定

（一）重点生态功能区的概念及类型

“重点生态功能区”是指依据《全国主体功能区规划》的规定，以提供生

① 《全国主体功能区规划》总共包括六篇内容，其中“国家层面主体功能区”划分延续了“十一五”规划纲要对国土空间的基本分类标准，即以不同区域的资源环境承载能力、现有开发强度和未来发展潜力，以是否适宜或如何进行大规模高强度工业化城镇化开发为基准，按开发方式的不同划分为优化开发区域、重点开发区域、限制开发区域（包括农产品主产区和重点生态功能区）、禁止开发区域，并明确了四类主体功能区的范围、发展目标、发展方向和开发原则，要求到 2020 年在全国基本形成主体功能区布局（详见图 1.1）。此外，按开发内容，分为城市化地区、农产品主产区和重点生态功能区；按层级，分为国家和省级两个层面。

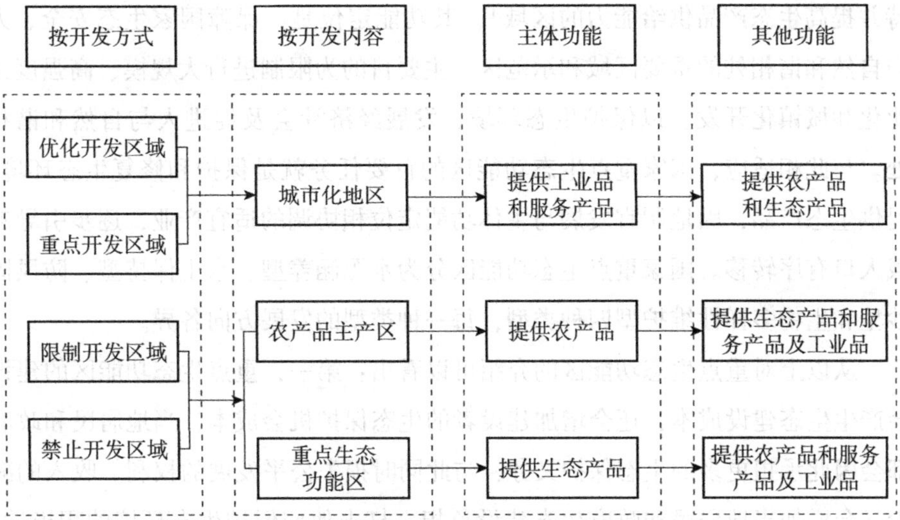

图 1－1　全国主体功能区分类及其功能

注：整理自国务院 2010 年 12 月发布的《全国主体功能区规划》。

态产品为其主体功能，同时也附带提供一定的工业品、农产品和服务产品的一种国土空间类型。国家支持重点生态功能区重点保护和修复生态环境。该区域包括两类：一类是国家重点生态功能区。这一区域属于限制开发区域内的重点生态功能区，其生态系统特别重要，关系较大范围区域乃至全国的生态安全，需要在国土空间开发中限制进行大规模高强度工业化城镇化开发，以保持并提高生态产品供给能力的区域。另一类是禁止开发区域。由于该区域是珍稀濒危野生动植物物种的天然集中分布地、具有特殊价值的自然遗迹所在地、有代表性的自然生态系统和文化遗址等，需要在国土空间开发中禁止进行工业化城镇化开发。

（二）国家重点生态功能区的概念及类型

国家重点生态功能区的概念中蕴含了功能定位，功能定位决定了区域保护的主要目的和首要任务。学界在对限制开发区域内的重点生态功能区的研究过程中也形成了具有代表性的学术概念：国家重点生态功能区是指承担水源涵养、水土保持、防风固沙和生物多样性维护等重要生态功能，关系较大范围区域乃至全国的生态安全，需要限制大规模、高强度工业化和城镇化开发，以保持并提高生态产品供给能力的区域①。其功能定位是：保障国家生态安全、人与自然和谐相处的重要区域和示范区。主要目的为限制进行大规模、高强度工业化和城镇化开发，以保护生态环境、发展经济社会及促进人与自然和谐相处。与此相适应，国家重点生态功能区的首要任务就是保护和修复生态环境、提供生态产品，因地制宜发展与主体功能定位相协调的适宜产业，逐步引导超载人口有序转移。国家重点生态功能区分为水源涵养型、水土保持型、防风固沙型和生物多样性维护型四种类型，每一种类型的发展方向各异。

从以上对重点生态功能区的介绍可以看出：第一，重点生态功能区的建设会产生生态建设成本，还会增加建设者的生态保护机会成本，当地居民和政府都会因此承担更多的生态保护义务，与此同时损失公平发展的权利。收入的减少又会增加当地居民和政府生态建设负担，打击他们保护生态环境的积极性。第二，由于生态系统服务属于公共物品的范畴，具有跨区溢出效应，其正外部性会导致“搭便车”的问题，也就是说，重点生态功能区建设创造的社会福利价值惠及其他区域乃至全国。因此，国家在制定重点生态功能区政策、落实主体功能区规划时，必须在受益区（重点开发和优化开发区）与重点生态功能区之间建立一套利益平衡机制，对重点生态功能区实施生态修复、生态系统保护及管理等活动进行补偿，满足这一区域的基本发展需求，在发展中实现利益均衡。转移支付就是这样一种充分考虑区域生态环境保护成本，有效解决生态效益及区域利益错配问题，有力维护主体功能区建设成果的重要手段。

第二节 重点生态功能区建设对西部地区发展的意义

2000年10月，《国务院西部地区开发领导小组第一次会议纪要》正式确

① 李国平，汪海洲，刘倩．国家重点生态功能区转移支付的双重目标与绩效评价［J］．西北大学学报（哲学社会科学版），2014（1）：151.

认了西部地区的范围包括西北五省区（陕西省、甘肃省、青海省、新疆维吾尔自治区、宁夏回族自治区），西南五省区（四川省、云南省、贵州省、西藏自治区、重庆市），广西壮族自治区、内蒙古自治区，湖北省恩施、湖南省湘西两个土家族苗族自治州。[①] 这就是西部地区“10+2+2”的最新定义。西部地区土地面积约占全国国土面积的71%，人口约占全国人口总数的29%。2018年8月21日，李克强在北京主持召开国务院西部地区开发领导小组会议时强调，西部地区经济社会发展取得的新的历史性成就对全国发展起到了重要支撑作用。中国发展的巨大战略回旋余地就在西部，西部地区也是全面建设社会主义现代化国家的重点难点。当前，面对国内外环境的新变化，要按照高质量发展、解决发展不平衡不充分问题的要求，依靠改革开放创新，促进西部地区发展动力增强、产业结构升级、民生不断改善，为全国经济保持稳中向好拓展空间。2020年5月，中共中央、国务院发布《关于新时代推进西部大开发形成新格局的指导意见》，再次重申西部地区的重要性以及坚持新发展理念和坚持推动高质量发展的必要性。

西部地区既是我国重要的生态功能区，也是我国少数民族聚居区。西部拥有的“重要财富”和“不可比拟的优势”，主要体现在自然资源和文化资源两方面，而自然资源和文化资源都与当地的生态环境息息相关，生态环境质量的好坏直接影响着自然资源和文化资源的可持续性发展。重点生态功能区建设能够恢复和改善当地的生态环境，对促进西部的发展具有重要意义。

一、西部国家重点生态功能区的分布

《全国主体功能区规划》中《国家重点生态功能区名录》总共包括436个县级行政区。为了进一步提高我国生态产品供给能力和国家生态安全保障水平，2016年9月国家重点生态功能区的县市区数量增加至676个，占国土面积的比例从41%提高到53%。[②] 2018年，国家重点生态功能区县增至818个。[③]

---

① 陈祖海．西部生态补偿机制研究［M］．北京：民族出版社，2008：6.

② 参见2016年9月29日国务院印发《关于同意新增部分县（市、区、旗）纳入国家重点生态功能区的批复》。

③ 参见《2018中国生态环境状况公报》第41页。

生态环境部发布的《2018中国生态环境状况公报》（以下简称公报）显示，2018年全国生态环境质量"较差"和"差"的县域面积占31.6%，主要分布在内蒙古西部、甘肃中西部、西藏西部和新疆大部。据统计，国家重点生态功能区涉及全国五大民族自治区。其中内蒙古自治区包括大小兴安岭森林生态功能区、呼伦贝尔草原草甸生态功能区、科尔沁草原生态功能区、阴山北麓草原生态功能区；新疆维吾尔自治区包括阿尔泰山地森林草原生态功能区、塔里木河荒漠化防治生态功能区、阿尔金草原荒漠化防治生态功能区；广西壮族自治区包括南岭山地森林及生物多样性生态功能区和桂黔滇喀斯特石漠化防治生态功能区；宁夏回族自治区包括黄土高原丘陵沟壑水土保持生态功能区；西藏自治区包括藏东南高原边缘森林生态功能区和藏西北羌塘高原荒漠生态功能区（详见《全国主体功能区规划》附件1《国家重点生态功能区名录》）。2016年9月，国家重点生态功能区县新增33个民族自治县，其中内蒙古自治区新增3县5旗，广西壮族自治区新增11县，西藏自治区新增22县，新疆维吾尔自治区新增17县。[①]

生态环境脆弱是近年来西部地区突出问题，严重制约当地经济社会文化的发展，由于重点生态功能区在西部地区的分布广、数量多，一些地方还承担着生态护边的重任，因此，加强重点生态功能区建设对于促进西部地区的发展有着特殊重要性。

二、重点生态功能区建设对西部地区发展的正面效应

（一）有利于涵养西部地区的生态资源

我国西部地区疆域辽阔，土地面积约占全国国土面积的71%，这一地区地质复杂，人口稀少，经济落后，交通闭塞，是经济欠发达、需要加强开发的地区。但由于生态环境脆弱和开发难度较高等条件的制约，西部地区面临开发和保护相对失衡的局面。重点生态功能区建设有利于涵养西部地区的生态资源。

以六大牧区为例，牧区所在地往往是主要江河的发源地和水源涵养区，生

① 根据《全国主体功能区规划》《关于同意新增部分县（市、区、旗）纳入国家重点生态功能区的批复》整理。

态地位十分重要。截至2016年年底，我国牧区面积400多万平方公里，占全国国土面积的40%以上，人口4000多万，分布在13个省（区）的268个牧区半牧区县（旗、市），80%以上的牧区半牧区属于民族自治地方，畜牧业是十几个少数民族的传统产业。牧区矿藏、水能、风能、太阳能等资源富集，旅游资源丰富，是我国战略资源的重要接续地。[①] 藏青川甘牧区共同构成青藏高原生态系统，著名的三江源水源涵养与生物多样性保护重要生态功能区就分布在这里，面积为340 224平方公里，具有重要的水源涵养功能，是长江、黄河、澜沧江的源头区。此外，该区还是我国最重要的生物多样性保护地区之一，有"高寒生物自然种质资源库"之称，在水土保持和土地沙化防治方面也具有重要作用。内蒙古牧区、新疆牧区是我国东北和西北的两大生态屏障。内蒙古全区林地面积6.6亿亩，森林面积3.73亿亩，均居全国第一位，森林蓄积13.45亿立方米，全区乔灌树种达350多种，湿地总面积9015.9万亩，居全国第三位。新疆自然资源丰富，全疆有林地3.2亿亩，森林1.2亿亩，森林蓄积量3.92亿立方米，森林覆盖率4.87%，绿洲森林覆盖率28%，湿地总面积5922万亩，居全国第五位。野生动植物资源十分丰富，有野生脊椎动物700余种（国家重点保护野生动物116种），占全国重点保护野生动物的三分之一，建立各类型自然保护区52处。[②]

广西壮族自治区也是一个物产丰富、自然资源富集的地区，这里建有南岭山地森林及生物多样性生态功能区、桂黔滇喀斯特石漠化防治生态功能区、水源涵养和水土保持生态功能区，生态功能区的建设对于涵养广西的自然资源具有重要作用。例如：涵养水源；保护动植物资源的多样性；防治石漠化。特别值得一提的是防治石漠化的功能。广西是我国石漠化最严重的省区之一。石漠化被称为"地球癌症"，已经成为岩溶地区最大的生态环境问题。这一区域基岩裸露度高，成土速度十分缓慢，立地条件衰退加剧，治理成本越来越高，已经初步治理的区域生态系统尚不够稳定，极易反弹。石漠化防治生态功能区的建设对于遏制石漠化的发展和改善岩溶区的生态环境具有重要作用。

---

① 回良玉．梦中草原迎新绿 边关万里总是情［N］．中国民族报，2014－07－16.

② 数据来源于中国林业数据库。

（二）有利于促进西部地区民族文化资源的可持续发展

文化能够丰富人的知识，陶冶人的情操，涵养人的品德，愉悦人的心灵，鼓舞人的精神，在教育人民、引导社会方面发挥不可替代的独特作用。少数民族传统文化源远流长、博大精深，已成为中华民族共同的精神记忆和中华文明特有的文化基因。正如生物物种的多样性是维持生态系统稳定的基础，民族文化的多元性也是维持人类社会生态系统稳定的前提。少数民族文化，不仅是各民族的精神家园，还发挥着维护国家文化安全、维护边疆稳定的重要作用，具有很强的公益属性。[①] 文化资源是民族自治地方拥有的"重要财富"和"不可比拟的优势"，促进各民族团结奋斗、繁荣发展，离不开民族文化的繁荣，弘扬少数民族传统文化是涵养民族精神的不竭源泉。

丰富多彩的少数民族文化具有原生性，产生于人类满足自身生存所需的物质生产和社会规则，与当地各具特色的自然环境以及各不相同的发展需求密切相关。在数千年的文明进程中，各个民族在各自所处的自然环境中都形成了独特的文化，实现了人与自然的和谐相处，这些都是民族自治地方的宝贵资源，是人类社会可持续发展的重要基础。民族自治地方重点生态功能区的建设有利于保护当地优美的自然环境、维护少数民族传统的生产生活方式，从而使民族传统文化元素能够得到更好的传承。

例如，五色糯米饭是广西壮族、仫佬族、毛南族人民的传统食品，采用纯天然的植物染料制作而成，象征着吉祥如意、五谷丰登。绿色的枫叶染出黑色，绿色植物红蓝草染出鲜艳的红色和紫色，作为调味品的黄姜用作染料做出的黄色糯米饭气味清香，色彩明亮。由于染料取自植物的天然汁液，无毒无害无副作用，色香味俱全的五色糯米饭还有防病祛邪、强筋益气生血、治疗腰酸骨痛的功效。然而近些年，随着广西"速生桉"人工林的快速发展，少数民族聚居区的居住环境发生了重大的变化，祖祖辈辈栽种的有利于环境保护的榕树、枫树、木棉树、松树被大量砍伐，取而代之的是能产生巨大经济效益的"速生桉"。桉树以快速成材而闻名，也被称为"速生桉"，从种植到成材只需

---

① 闵伟轩．大力发展少数民族文化事业［EB/OL］.（2012－07－05）［2019－10－28］. http://www.seac.gov.cn/seac/xwzx/201207/1007929.shtml.

5～7年，其木材可以做成纸浆和人造板，树叶可以提取桉叶油，树皮可用于发电燃料，是一种重要的工业原料，能够形成巨大的产业链及经济效益。但速生桉是一种掠夺性的树种，其速生会抑制别的植物的生长，凡种植了桉树的地方，土地肥力下降乃至枯竭，原始植被因为“炼山整地”的桉树种植方式和肥料养分的缺失而受到严重破坏，土地种植其他植物也根本无法存活。此外，由于“速生桉”会吸收土壤里大量的水分，大大降低水土涵养和水土保持的能力，容易引发山体滑坡和洪涝灾害；“速生桉”需肥量大，为了保持桉树产量，施肥量越来越大，桉树肥含有镁、钾、锌、铅、铜等重金属元素，大量没有被植物吸收的重金属元素会残留在土壤中，并随着雨水渗入地下水，造成地下水重金属元素严重超标、水源污染、水质破坏的严重后果。生态环境的改变直接影响到广西少数民族的饮食文化的可持续发展，五色糯米饭、黄馍等强身健体的传统美食由于天然植物染料遍山难寻而逐渐丧失原汁原味，甚至面临从民间消失的窘境，亟待国家和地方从主体功能区建设的大局出发，通过各种手段保护少数民族聚居区的生态环境，使作为中华民族强大基因的少数民族生产生活文化特色得以延续。

第三节　我国重点生态功能区转移支付制度的建立

生态系统容量空间范围是有限的，只有在这个限度内发展经济、改善环境，才能保护自然、提升生态安全水平，人类社会经济活动的强度和水平必须与生态系统承载能力相适应。在调适经济增长速度与生态系统承载能力的过程当中，生态补偿承担着重要的协调和引导功能。

生态补偿是指针对损害或增益资源环境的行为，国家依法或社会主体之间按照约定，由资源环境开发利用者或其他受益者通过缴纳税费、支付费用、提供其他补偿性措施等方式，使保护和建设资源环境主体或因此利益受损的主体得到合理补偿，实现保护资源、恢复和修复生态系统服务功能的生态目标和实现公平的社会目标。[1] 我国立法中生态补偿的类型包括四种：资源与环境收费，生态环境税、政府直接支付（生态补偿）、市场交易。其中政府直接支付的主要形式有财政转移支付和专项资金。重点生态功能区转移支付就是这样一种政府主导型的生态补偿类型。

20 世纪 80 年代初至 90 年代中后期是我国生态补偿制度的初创阶段。我国生态转移支付制度就起步于 20 世纪 90 年代，是面对日益严重的生态效应外部性问题而建立起来的一系列政府财政支出制度，主要包括天然林保护工程补偿、退耕还林、退牧还草、退田还湖制度。然而，真正将转移支付作为现代财政治理工具应用到生态环境保护领域，是 2008 年建立和实施的国家重点生态功能区转移支付制度。“国家重点生态功能区转移支付是指为维护国家生态安全，促进生态文明建设，引导地方政府加强生态环境保护，提高国家重点生态功能区所在地政府基本公共服务保障能力而设立的转移支付。”[2] 该项制度经历了由一般性转移支付发展为均衡性转移支付，再演变为专项性一般转移支付的过程。

一、我国生态转移支付制度的探索

新中国经济建设早期，国家农业发展倡导“以粮为纲，全面发展”方针，但不少地方将之贯彻为“毁林开荒”，导致江河上游地区生态环境遭到严重破坏，水源涵养和水土保持功能下降，水土流失严重。20 世纪 90 年代初，为了维护国家生态安全，国家下决心通过逐步推广天然林保护工程、退耕还林、退牧还草、退田还湖补偿，对江河流域的生态环境进行整治和恢复。与此同时，国家也陆续出台法律法规，巩固试点成果并推广成功经验。

（一）天然林保护工程生态补偿

1998 年特大洪水灾害以后，国务院出台《关于灾后重建、整治江湖、兴修水利的若干意见》，明确提出：“全面停止长江、黄河流域上中游的天然林采伐，森工企业转向营林管护”，此后天然林资源保护工程开始在我国重点国

① 杜群．生态保护法论——综合生态管理和生态补偿法律研究［M］．北京：高等教育出版社，2012：322.

② 苏明，刘军民．创新生态补偿财政转移支付的甘肃模式［J］，环境经济，2013(7)：18.

有林区开设试点。2000 年 10 月，国务院批准了“长江上游、黄河上中游地区”和“东北、内蒙古等重点国有林区”两个天然林资源保护工程实施方案，工程的规划期从 2000 年到 2010 年。[①] 天然林保护工程的主要目的是通过改变林场职工以天然林砍伐为主的生产方式和生活方式，有效保护天然林资源。围绕着这一目的，工程的主要任务有五项：一是全面停止工程区内的天然林商品性采伐活动；二是加大工程区内森林资源的管护力度，落实管护责任制；三是加快工程区内公益林的种植，有效利用林下资源发展林下经济；四是分流安置好由于天然林保护工程而形成的林场富余职工；五是以工程为契机加快国有林区森林资源管理体制改革的步伐。天然林保护工程的实施为维护我国生物多样性和生态安全发挥了基础保障作用，实现了生态、经济和社会效益三赢。与此同时，天然林保护工程也存在一些不足之处，有待进一步改进，主要表现为：补偿对象过窄，没有将生活在天然林地里的农牧民纳入其中；补偿范围过小，没有将具有重要生态服务功能的灌木林纳入其中；补偿资金用于生态保护与修复的比例过小，资金使用效率有待提高；天然林保护工程政策的可持续性有待增强。

（二）退耕还林生态补偿

1999 年国家率先在四川、陕西和甘肃三省开展退耕还林的试点工作，积累经验，并在三年后制定了退耕还林十年规划。[②] 为了规范退耕还林活动，保护退耕还林者的合法权益，巩固退耕还林成果，《中华人民共和国森林法实施条例》[③] 于 2000 年 1 月 29 日发布。2002 年 12 月，国务院又颁布了《退耕还林条例》，从规划和计划、造林管护与检查验收、资金和粮食补助、其他保障措施以及法律责任等方面保障退耕还林工程的顺利实施。迄今为止，退耕还林工程既是我国规模最大的强农惠农项目，也是涉及面最广、投资量最大、政策性最强、群众参与度最高的生态建设工程。[④] 工程的实施不仅改善了生态环

---

① 任勇，冯东方，俞海．中国生态补偿理论与政策框架设计［M］．北京：中国环境科学出版社，2008：100.

② 任勇，冯东方，俞海．中国生态补偿理论与政策框架设计［M］．北京：中国环境科学出版社，2008：95.

③ 《中华人民共和国森林法实施条例》第二十二条明确规定：25 度以上的坡地应当用于植树、种草。25 度以上的坡耕地应当按照当地人民政府制定的规划，逐步退耕，植树和种草。

④ 潘家华．中国的环境治理与生态建设［M］．北京：中国社会科学出版社，2015：123.

境，增加了农民收入，还加快了农村产业结构调整的步伐。但实施的过程中也暴露出一些问题，主要是在确定补偿标准的时候，没能充分发挥市场机制的决定作用，缺乏科学细致的计算方法，补偿标准没能与社会经济发展水平尤其是物价水平形成联动机制，导致补偿标准过低，农民因为退耕还林减少的收入和获得的补偿不成正比，生态保护与林农发展的矛盾突出，直接影响到退耕还林政策的可持续性。

（三）退牧还草生态补偿

退牧还草是针对过度放牧导致的天然草场退化、沙化、荒漠化等生态环境问题，通过经济补偿的手段，实现对退化草场的修复和保护而出台的一项最具代表性的生态补偿政策。2002 年 12 月 16 日，我国正式批准在天然草场的主要分布地区，西部地区 11 个省实施退牧还草政策。2003 年国家发展和改革委员会等八部委联合下发《退牧还草和禁牧舍饲陈化粮供应监管暂行办法》，作为退牧还草的主要法律依据。退牧还草的具体措施包括禁牧、休牧和划区轮牧，在此期间，为了保证牧民的正常生产生活，国家运用财政资金对牧民进行粮食和饲草料补助，基本实现草畜平衡，但要实现草原资源永续利用的目标，还必须解决退牧还草政策执行过程中存在的补偿标准过低的问题。

（四）退田还湖生态补偿

1998 年特大洪水灾害以后，人们开始对围湖造田、占用河道等违背自然规律、打破江湖平衡、破坏人水和谐共处关系的行为进行反思，认识到只有遵循自然规律，才能实现经济社会可持续发展。我国退田还湖政策正式提出的标志是 1998 年 10 月 20 日，中共中央、国务院以十五号文件的形式提出的《关于灾后重建整治江湖、兴修水利的若干意见》。文件指出，“国土生态资源遭到严重破坏”是导致我国水患频繁的重要原因之一，进而总结“封山育林、退耕还林、退田还湖、平垸行洪、以工代赈、移民建镇、加固干堤、疏浚河道”的 32 字方针。随后，由国家发展计划委员会（2003 年改组为国家发展和改革委员会）牵头，制定了长江中下游地区“平垸行洪、退田还湖、移民建镇”的规划。根据党中央、国务院的要求，水利部组织编制了《长江平垸行洪、退田还湖规划报告》，国家发展计划委员会同水利部等六部委联合向国务院报送了《关于进一步做好湖北、湖南、江西、安徽四省平垸行洪、退田还湖、移民建镇工作的报告》。① 退田还湖工程主要涉及湖北、湖南、江西、安徽四省，工程的实施提高了江河湖泊的行蓄洪能力，改善了湖区农民的居住条件和生存环境，通过促进湖区农村经济结构调整加快了当地经济的发展和城镇化的进程。

综上，人类社会发展的历史就是人与自然和谐共处的历史，其中既有尊重自然规律、保持自然界平衡的宝贵经验，也有违背自然规律、打破自然界平衡的惨痛教训。与其在遭受大自然惩罚、造成巨大损失以后才进行反思和补救，不如顺应自然规律进行生态保护和建设，实现生态效益、经济效益和社会效益三赢。各种生态转移支付制度的设计，就是这样一种有益的尝试。

二、重点生态功能区转移支付制度的设置历程

党中央、国务院高度重视生态补偿工作，将其作为生态文明建设的重要制度保障。2006 年，国务院在提出将国土空间划分为优化开发、重点开发、限制开发和禁止开发四类主体功能区的同时，要求“财政政策，要增加对限制开发区域、禁止开发区域用于公共服务和生态环境补偿的财政转移支付，逐步使当地居民享有均等化的基本公共服务”②。中央财政从 2008 年起设立国家重点生态功能区一般性转移支付，在生态功能区开展试点工作，将天然林保护、青海三江源和南水北调中线水源地等重大生态功能区所辖约 230 个县纳入转移支付范围。2009 年，国家重点生态功能区转移支付试点范围进一步扩大，对纳入转移支付范围的县区，按照均衡性转移支付测算的标准收支缺口给予 100%补齐。③ 之后转移支付范围不断扩大，转移支付资金量不断增加。为配合全国主体功能区规划实施，2011 年 7 月，财政部印发了《国家重点生态功能区转移支付办法》，中央财政在均衡性转移支付④项中设立国家重点生态功能

---

① 胡苑．对我国现阶段长江流域”退田还湖”政策的思考［EB/OL］．（2003/09/16）［2019/08/23］．http：//aff. whu. edu. cn/riel/article. asp？ id＝25563.

② 参见《中华人民共和国国民经济和社会发展第十一个五年规划纲要》第二十章。

③ 方元子．政府间转移支付与区域基本公共服务均等化［M］．北京：经济科学出版社，2017：53.

④ 现行的中央财政均衡性转移支付具有内在的自动补偿机制。标准收入主要根据税基和税率测算，标准支出根据人口、面积和支出成本等客观因素测算。地方政府因治理环境、减少污染、控制排放等削减工业项目等形成的财政减收增支，相应表现为标准财政收入的减少或标准支出的增加，在其他条件不变的情况下，标准收支缺口自动放大，中央财政对其均衡性转移支付规模也将相应增加，从而形成对这些地区转型发展成本的自动补偿。

区转移支付，并通过明显提高转移支付系数、加计生态环境保护标准支出等方式，不断加大对国家重点生态功能区所属县市的转移支付力度。从2016年开始，财政部每年都会出台新的《中央对地方重点生态功能区转移支付办法》，逐步完善因素分配法，促进生态保护与扶贫攻坚的有机结合，力争实现生态效益和社会效益双赢。

2015年4月，中共中央、国务院印发的《关于加快推进生态文明建设的意见》，对健全生态补偿机制提出了更加明确的要求：科学界定生态保护者与受益者权利义务，加快形成保护者得到合理补偿、生态损害者赔偿、受益者付费的运行机制。紧接着，2016年4月，国务院办公厅《关于健全生态保护补偿机制的意见》指出，应当进一步健全生态保护补偿机制，加快推进生态文明建设。经过不断完善和发展，国家重点生态功能区转移支付的总规模从2010年的249亿元[①]增加到2018年的721亿元[②]。

三、重点生态功能区转移支付性质的演变

（一）一般性转移支付

我国重点生态功能区转移支付一开始是作为一般性转移支付设立的。财政部印发的《2008年中央对地方一般性转移支付办法》提出："一般性转移支付的总体目标是缩小地区间财力差距，逐步实现基本公共服务均等化，保障国家出台的主体功能区政策顺利实施，加快形成统一规范透明的一般性转移支付制度。"一般性转移支付资金的分配遵循公平公正、公开透明和稳步推进三项原则。其中，公平公正原则体现为客观因素分配法的运用；公开透明原则是在民主理财理念的指导下，测算办法和过程公开透明；稳步推进原则是指转移支付规模的逐步加大，以及转移支付依据的加快完善。

（二）均衡性转移支付

国家重点生态功能区转移支付于2011年正式定性为均衡性转移支付。根

---

① 参见中华人民共和国国家发展和改革委员会《对政协十二届全国委员会第四次会议第0948号（资源环境类073号）提案的答复》，网址：http：//zfxxgk. ndrc. gov. cn/web/iteminfo. jsp？id=15246。

② 参见中华人民共和国财政部预算司《中央财政加大重点生态功能区转移支付力度，推动生态文明建设和脱贫攻坚工程实施》，网址：http：//yss. mof. gov. cn/zhengwuxinxi/gongzuodongtai/201807/t20180720_ 2969260. html。

据财政部发布的《2017年中央对地方均衡性转移支付办法》规定："为建立现代财政制度，提高地方财政积极性，缩小地区间财力差距，逐步实现基本公共服务均等化，根据《中华人民共和国预算法》，中央财政设立中央对地方均衡性转移支付。与此同时，为确保均衡性转移支付增幅高于转移支付的总体增幅，中央财政专门建立均衡性转移支付规模稳定增长机制。"为调动地方财政积极性和发展自主性，中央对地方均衡性转移支付不规定具体用途，由地方政府根据本地区实际情况统筹安排。均衡性转移支付资金分配的一大亮点就是选取影响财政收支的客观因素，按照固定的公式计算分配资金。

（三）专项性一般转移支付

2019年5月财政部颁布的《中央对地方重点生态功能区转移支付办法》明确了中国实施国家重点生态功能区转移支付制度的双重目标，即："推进生态文明建设，推动高质量发展，引导地方政府加强生态环境保护"和"提高国家重点生态功能区等生态功能重要地区所在地政府的基本公共服务保障能力"。[①] 为了落实双重目标，该办法指出："享受转移支付的地区应当切实增强生态环境保护意识，将转移支付资金用于保护生态环境和改善民生，加大生态扶贫投入，不得用于楼堂馆所及形象工程建设和竞争性领域，同时加强对生态环境质量的考核和资金的绩效管理。"上述目标、用途的规定似乎与重点生态功能区转移支付作为均衡性转移支付的性质不太相符，因为《2017年中央对地方均衡性转移支付办法》明确均衡性转移支付不规定具体用途，转移支付资金由地方政府根据本地区实际情况统筹安排。这更像是专项性一般转移支付的特点，既具有专项转移支付的明确政策目标和使用范围，又采用一般转移支付的因素核算分配法进行资金分配，体现上级政府的政策意图的同时发挥了地方的主观能动性。

---

① 李国平，汪海洲，刘倩．国家重点生态功能区转移支付的双重目标与绩效评价［J］．西北大学学报（哲学社会科学版），2014（1）：151.

第四节 西部重点生态功能区转移支付法治化的必要性

我国重点生态功能区转移支付的直接法律依据是财政部印发的部门规范性文件——重点生态功能区转移支付办法。为配合全国主体功能区规划实施，财政部从2011年7月开始印发《国家重点生态功能区转移支付办法》，2012年6月印发《2012年中央对地方国家重点生态功能区转移支付办法》，2016—2019年每年印发《中央对地方重点生态功能区转移支付办法》，新办法发布实施之日，旧办法同时失效。2011—2019年，财政部总共印发六部重点生态功能区转移支付办法，每年都有修订，修订条文的数量占总数的比值除了2018年在50%以下，其余的年度都在50%以上，最高达88%。修订的范围涵盖“转移支付范围”“资金分配的原则”“客观因素测算”“生态环境质量的考核和资金的绩效管理”“转移支付违法行为所承担的法律责任”等核心内容。有的内容依政策而设，具有不确定性，政策变动会直接影响其效力。可见，立法层次低、内容分散且变动频繁是目前这一领域立法存在的主要问题。这说明我国重点生态功能区转移支付法治化依然不够完善。

转移支付的法治化意味着构建起完备的法律规范体系、高效的法治实施体系、严密的法治监督体系，并能在体系之间实现互动与协调。本节主要从西部地区重点生态功能区转移支付的重要作用以及转移支付法治化的深远意义两个方面论证西部地区重点生态功能区转移支付法治化的必要性。

一、西部地区重点生态功能区转移支付的重要作用

（一）助力西部地区区位优势发挥

新时代西部地区的战略地位至关重要，重点生态功能区转移支付制度的建立有助于这一特定区域建设目的的实现和区位优势的发挥。笔者以新疆、西藏、广西为例详述如下。

习近平在2020年第三次中央新疆工作座谈会上指出，发展是新疆长治久安的重要基础。要发挥新疆区位优势，以推进丝绸之路经济带核心区建设为驱动，把新疆自身的区域性开放战略纳入国家向西开放的总体布局中，丰富对外开放载体，提升对外开放层次，创新开放型经济体制，打造内陆开放和沿边开放的高地。要坚持绿水青山就是金山银山的理念，坚决守住生态保护红线，统筹开展治沙治水和森林草原保护工作，让大美新疆天更蓝、山更绿、水更清。① 习近平在同年中央第七次西藏工作座谈会上强调，保护好青藏高原生态就是对中华民族生存和发展的最大贡献。要牢固树立绿水青山就是金山银山的理念，把生态文明建设摆在更加突出的位置，守护好高原的生灵草木、万水千山，把青藏高原打造成为全国乃至国际生态文明高地。②

广西壮族自治区具有独特区位优势，既是民族地区，又是东盟桥头堡、西南出海口，同时对接粤港澳大湾区、是21世纪海上丝绸之路的新枢纽。“一湾相挽十一国，良性互动东中西”，当前广西正在加速构建“南向、北联、东融、西合”全方位开放发展新格局：“南向”——抓住中国-东盟自由贸易区升级发展和中新互联互通建设的机遇，加快基础设施建设，构建贸易、物流、产业、金融、港口、信息、城市等多领域合作的新平台；“北联”——加强与贵州、四川、重庆、甘肃等省市的合作，打通关键节点和通道，突破瓶颈制约，构建畅通高效的“渝新欧”国际货运通道，推进“一带”与“一路”的连接贯通；“东融”——主动融入对接珠三角、粤港澳大湾区的发展，与长三角、京津冀等沿海发达地区加强合作，主动承接产业转移，着力引进资金、技术、人才等，借力加快发展；“西合”——联合云南等省份，加强与东盟国家合作，大力推进基础设施及政策、规则、标准的联通，推动优势产能走出去，开拓新兴市场。这是广西开放战略的重大创新，是广西大开放大发展的行动指南。重点生态功能区建设有助于广西充分释放“海”的潜力、激发“江”的活力、做足“边”的文章，

---

① 习近平. 坚持依法治疆团结稳疆文化润疆富民兴疆长期建疆 努力建设新时代中国特色社会主义新疆 [EB/OL]. (2020/09/26) [2020/10/07]. https://www.ccps.gov.cn/xtt/202009/t20200926_143631.shtml.

② 习近平. 全面贯彻新时代党的治藏方略 建设团结富裕文明和谐美丽的社会主义现代化新西藏 [EB/OL]. (2020/08/29) [2020/09/08]. https://www.ccps.gov.cn/tpxw/202008/t20200829_142975.shtml.

助力广西盘活开放发展这盘棋，在“一带一路”建设中发挥更大的作用。2012年11月印发的《广西壮族自治区主体功能区规划》将全区划分为重点开发、限制开发和禁止开发三类区域，不同主体功能区有不同的发展方向和重点，主体功能区划分的最终目的是要推进形成合理清晰的发展战略格局，为地区未来发展谋划空间布局。重点生态功能区转移支付资金的拨付、使用能够增强《广西壮族自治区主体功能区规划》的落实效果，对于推进主体功能区建设、优化国土空间开发格局，加快构建“南向、北联、东融、西合”全方位开放发展新格局和实现富民强桂新跨越都具有不可估量的重要作用。

（二）推进西部地区生态文明建设

西部地区重点生态功能区转移支付资金对于推进西部地区生态文明建设，巩固边疆，加快实施国家生态安全战略意义重大。

第一，推进重大生态工程建设。重点生态功能区转移支付的主要用途之一就是开展重大生态工程建设，由于西部地区大多是边疆地区、生态脆弱地区，通过法治化的手段开展重大生态工程建设既关系到边疆的稳定和生态安全，又关涉内地的生态环境保护，对加强民族团结和巩固边防效果突出，也能起到增强各族群众凝聚力和向心力的作用。

第二，优化西部地区环境保护工作。用最严格的环境保护法律制度为政府、企业、公众共治的环境治理体系保驾护航。例如，云南省在统筹生态功能区转移支付用于“三保”和民生保障等支出的基础上，还积极将资金安排用于城市环境综合治理项目、河长制专项资金、湖泊保护治理、饮水地水源保护、污水处理、节能减排、生态修复及污染防治等生态环境保护支出，为支持全省生态环境质量持续改善作出积极贡献。根据云南省生态环境厅提供的县域生态环境质量监测评价与考核结果，一般及轻微变差县从2016年的9个下降到2018年的4个，一般及轻微变好县从2016年的12个上升到2018年的13个，县域生态环境质量逐年向好。[①] 贵州省财政厅建立了省级环保专项资金逐年增长机制，每年按11%的速度递增，将全省88个县（市、区）纳入省级对

① 云南财政厅. 严格生态功能区转移支付资金使用显成效[EB/OL].(2020/05/01)[2020/08/07]. http://czt.yn.gov.cn/news_des.html? id=1589614187486711015.

下级的重点生态功能区转移支付补助范围，加大重点生态功能区转移支付对长江经济带的直接补偿，支持全省加快形成生产空间集约高效、生活空间宜居适度、生态空间山清水秀的主体功能区布局。①

（三）改善西部地区民生福祉

西部地区作为我国发展不平衡不充分的重点和难点区域，同时又是重要生态区、生态脆弱和敏感地带，应当想方设法把资源优势转化为经济优势，在提升发展质量的同时，着力解决好发展不平衡不充分问题，使人民在经济、政治、文化、社会、生态等方面日益增长的需要得到更好满足。重点生态功能区转移支付的目的之一就是促进基本公共服务均等化、改善民生，为推动西部地区经济社会实现跨越式发展助一臂之力，为凝聚人心、实现“中华民族一家亲，同心共筑中国梦”奠定坚实基础。重点生态功能区转移支付资金的使用主要在生态扶贫、推进西部地区特色优势农业发展、打造多彩民族旅游工程等方面着力，有效实现改善西部地区民生福祉的目的。

例如，“十三五”以来（截至2019年），云南省财政平均下达每个县生态功能区转移支付补助1.86亿元，其中，2016—2019年分别平均下达每个县3475万元、3993万元、4964万元、6191万元，年均增幅为21.2%，以2019年为例，县均补助额占县均一般公共预算收入的7.2%，基层财政财力保障水平进一步得到了提升。② 2010年，贵州省为进一步加大对县（市）生态建设支持力度，完善了转移支付办法，扩大了补助范围，至2012年转移支付范围已覆盖全省88个县（市），2008—2017年，贵州省下达县市重点生态功能区转移支付271.9亿元。③ 生态功能区转移支付资金被各级财政作为综合性财力补助统筹使用，在增强“三保”（即保工资、保运转、保基本民生）保障能力、改善和保障民生、提高基本公共服务保障水平等方面，发挥了重要作用。

---

① 贵州省财政厅. 省财政厅着力优化供给机制支持做强“大生态”长板［EB/OL］.（2017/04/05)［2020/03/07］. http://czt.guizhou.gov.cn/xwzx/czdt/201704/t20170406_64843949.html.

② 云南财政厅. 严格生态功能区转移支付资金使用显成效［EB/OL］.(2020/05/01)［2020/08/07］. http://czt.yn.gov.cn/news_des.html? id=1589614187486711015.

③ 贵州省财政厅. 省财政厅关于省政协十二届一次会议第253号委员提案的答复［EB/OL］.（2017/06/07）［2020/01/07］. http://czt.guizhou.gov.cn/zwgk/zfxxgk/fdzdgknr/qtfdxx/jytabl/201902/t20190213_64868658.html.

二、西部地区重点生态功能区转移支付法治化的意义深远

（一）规范转移支付行为，维护国家生态安全，推进生态文明建设的有力保障

我国重点生态功能区转移支付法治化能够更有效地规范转移支付行为。法具有其他行为规范不可比拟的规范性、国家意志性、效力普遍性、强制性和程序性等优势，因此，法对人的行为能够发挥更明确的指引、更公正的评价、更普遍的教育、更科学的预测和更有效的强制作用，从而更好地实现执行社会公共事务和维护社会秩序的目的，充分彰显社会公平和正义。我国重点生态功能区转移支付法治化能够更有效地规范转移支付行为：一是立法健全，法律依据权威性高、稳定性强；二是按照生态区位重要性、生态资源的质量、生态功能区的类型、区域经济发展水平等因素科学确定差异化的资金分配标准，并以此分配主体的权利义务和责任，有效平衡生态环境保护与公共服务供给之间的利益冲突；三是将重点生态功能区转移支付资金纳入严格的预算管理，按法定程序编制、审查和批准资金年度支出计划，充分发挥这笔资金宏观经济调控的杠杆作用。

我国重点生态功能区转移支付法治化能够更有力地维护国家生态安全。重点生态功能区建设有利于维护国家和区域生态平衡，减轻自然灾害，确保国家和地区生态安全，为自身及周边地区经济社会可持续发展提供优质的生态服务。然而，由于这一特殊区域的建设具有周期长、投资量大、无法高效地产生可观的回报等特点，很难吸引以营利为目的市场主体的投资。此外，重点生态功能区建设涉及的范围广，需要协调的关系复杂，政府以外的社会组织难以胜任。因此，政府间财政转移支付持续稳定的投入是重点生态功能区建设目标如期实现的重要保障。转移支付法治化能够充分保障重点生态功能区所获得的资金支持持续稳定增长。

我国重点生态功能区转移支付法治化能够卓有成效地推进生态文明建设。可以说，生态文明的实践对人类思维方式、生产方式和生活方式的影响和改变是全方位的，它是一个复杂的社会系统的重构进程。为此，必须以制度建设提纲挈领，通过顶层设计和局部突破，完善和创新相关法律制度，从而保障生态

文明建设持续、有序、健康地向前推进。[①] 我国重点生态功能区转移支付法治化卓有成效地推进生态文明建设主要体现在以下几个方面：其一，法治化的多元补偿机制的建立，能够逐步加大对重点生态功能区建设的资金投入；其二，通过法治的手段完善生态激励约束机制；其三，尝试制定横向生态转移支付条例或办法，以地方补偿为主，中央财政给予支持；其四，构建以恢复和保护生态功能为指导的重点生态功能区治理体系；其五，建立生态文明绩效评价考核和责任追究制度。

（二）践行"两山"理念，推动经济社会可持续发展的可靠路径

2005 年 8 月 15 日，时任浙江省委书记的习近平同志在湖州市安吉县余村考察时首次提出"两山论"，2006 年他进一步深入阐述："在实践中对绿水青山和金山银山这'两座山'之间关系的认识经过了三个阶段：第一个阶段是用绿水青山去换金山银山，不考虑或者很少考虑环境的承载能力，一味索取资源；第二个阶段是既要金山银山，但是也要保住绿水青山，这时候经济发展和资源匮乏、环境恶化之间的矛盾开始凸显出来，人们意识到环境是我们生存发展的根本，要留得青山在，才能有柴烧；第三个阶段是认识到绿水青山可以源源不断地带来金山银山，绿水青山本身就是金山银山，我们种的常青树就是摇钱树，生态优势变成经济优势，形成了浑然一体、和谐统一的关系，这一阶段是一种更高的境界。"[②] 正确处理经济发展和生态环境保护的关系，就要像保护眼睛一样保护生态环境，像对待生命一样对待生态环境，坚持在发展中保护、在保护中发展，使绿水青山产生巨大生态效益、经济效益、社会效益。[③] 这是对发展经验和教训的深刻认识、对发展规律的深刻总结，体现了新发展理念的要义精髓。

我国重点生态功能区转移支付法治化以资金的使用能否在重点生态功能区所在地实现生态效益、经济效益和社会效益三赢为绩效评估标准，通过加强重

---

① 潘红祥．民族地区生态文明建设的制度路径［N］．光明日报，2013－09－04.

② 人民网．中国为什么提"绿水青山就是金山银山"？［EB/OL］．（2019/09/09）［2019/10/07］．http://zj.people.com.cn/n2/2019/0909/c186327－33337753.html.

③ 新华社评论员：践行"两山论"是一场发展的革命［EB/OL］．（2018/06/13）［2019/10/07］．http://www.xinhuanet.com/politics/2018－06/13/c_1122982004.htm.

大生态工程建设、大力发展生态产业、创新生态扶贫方式，将外来资金支持有效转化为源源不断的内生发展动力，实现自力更生、自主发展。今后，法治化还应在转移支付资金促成“两山”转化经验和模式的总结上着力，通过先进经验和典型模式的总结和推广，让老百姓参与生态保护、生态修复工程建设和发展生态产业提升收入水平，改善生产生活条件，实现改善生态环境与推动经济社会可持续发展的良性循环，增加民众的幸福感、获得感和安全感。

（三）实现国家治理体系和治理能力现代化的必然要求

国家治理理论是20世纪90年代以来在世界范围内广泛传播并付诸实践的一种政治理论，它反映了对传统公共权力运行机制进行反思与变革的基本趋势。① 它强调的并不是政府对社会经济事务的单独管理，而是政府与社会之间在解决社会经济问题时的合作与相互支持。它本身就意味着在社会事务的管理领域，强调权力主体和权利主体之间的服务与合作、沟通与协商，强调国家权力在运行过程中必须对公民权利一视同仁。②

党的十八届三中全会《关于全面深化改革若干重大问题的决定》将财政作为国家治理的基础和重要支柱，认为科学的财税体制是优化资源配置、维护市场统一、促进社会公平、实现国家长治久安的制度保障。我国重点生态功能区转移支付法治化以实现国家治理体系和治理能力现代化为契机，响应新时代新任务提出的新要求，不断改革完善转移支付资金拨付、分配、使用、监督过程中相关政府机构设置和职能配置中存在的问题，如机构设置和职能配置不健全、不合理，机构重叠、职责交叉、权责脱节问题比较突出；权力运行制约和监督机制乏力。

---

① 陈治．财税法学前沿问题研究——法治财税与国家治理现代化［M］．北京：法律出版社，2016：44.

② 潘红祥．宪法的社会理论分析［M］．北京：人民出版社，2009：202.

第二章

西部重点生态功能区转移支付资金分配的现行办法与困境

广西壮族自治区是我国少数民族人口最多的省区，是民族团结进步的典范。习近平总书记赋予新时代的广西“三大定位”——构建面向东盟的国际大通道，打造西南中南地区开放发展新的战略支点，形成21世纪海上丝绸之路和丝绸之路经济带有机衔接的重要门户。2019年8月26日，国务院批复（国函〔2019〕72号），同意新设广西等6个自由贸易试验区，中国（广西）自由贸易试验区正式成立。中国（广西）自由贸易试验区的重要任务是，在新形势下全面深化改革、扩大开放和深化我国与东盟深度合作、加快西部大开发和推进“一带一路”建设，加快建设西部陆海新通道，有机衔接“一带一路”，开创边境合作新模式，构建沿边开放经济带，创新对东盟全方位开放合作，服务国家周边战略。这无疑更加凸显广西壮族自治区的区位优势和重要的战略地位，基于广西的典型性和代表性，本书第二、第三、第四章以广西国家重点生态功能区县为例，研究西部重点生态功能区县在落实中央和地方重点生态功能区转移支付办法的过程中，在资金分配、使用和监管等环节存在的问题，为设计法治化完善对策提供重要参考。

第一节 资金分配的现行办法

2010年，在《国务院关于印发全国主体功能区规划的通知》中，广西壮族自治区第一批确定的16个国家重点生态功能区县包括12个“桂黔滇喀斯特石漠化防治”区县，4个“南岭山地森林及生物多样性”区县。2012年11月21日，自治区人民政府正式颁布《广西壮族自治区主体功能区规划》，成为全国首批颁布实施规划的省份。2016年，根据《国务院关于同意新增部分县（市、区、旗）纳入国家重点生态功能区的批复》，阳朔县、灌阳县、恭城瑶族自治县、蒙山县、德保县、那坡县、西林县、富川瑶族自治县、罗城仫佬族自治县、环江毛南族自治县、金秀瑶族自治县11个县（自治县）被新增纳入国家重点生态功能区范围，其中包括4个水源涵养生态功能区、7个水土保持生态功能区。截至2020年，广西国家重点生态功能区县共27个。

为了推动主体功能区规划的落实，加快广西国家重点生态功能区建设的步伐，根据《中央对地方重点生态功能区转移支付办法》，广西壮族自治区于2009年设立重点生态功能区转移支付，其性质是一般转移支付中的均衡性转移支付，主要依据是《广西壮族自治区重点生态功能区转移支付办法》（以下简称为《办法》）。该办法先后修订6次，新办法于2019年5月起正式实施，其中资金分配环节最大的亮点就是采用客观科学的因素分配法分配资金，确立了生态扶贫、奖惩补助和绩效监管资金分配方法。

一、资金分配的原则

（一）公平公正，公开透明

因素分配法的运用充分体现了公平公正、公开透明的原则。因素分配法是财政常用的资金分配方法，是指按照选择确定的因素设置相应的权重，对一定量的资金额度进行计算分解，得出不同地区或者不同项目的资金分配数额。由于采用公式化的分配方法以及公开测算办法和分配结果，因素分配法是重点生态功能区转移支付资金公平公正分配的重要手段和有力保证。客观因素分配法有赖于信息系统的健全，健全的信息系统包括统计数据选取全面、数据信息系统完善、统计方法先进、收支项目的核定具有统一的计量标准、具体业务部门之间形成高效运转的综合网络系统和便捷的信息交流渠道。此外，为保证客观因素选取的科学性，应适时根据具体情况的变化及新因素的测定及时增减客观因素。例如：充分选取客观因素反映山区石漠化治理的成本，及时根据生态红线的划定增加重要区域（如水库）作为客观因素，根据产业准入负面清单将“产业发展受限”作为重要因素，将“环境监测”纳入因素范围并合理确定权重。总之，只有遵循公平公正、公开透明的资金分配原则，才能充分发挥财政转移支付资金的引导作用，提高资金使用精准度和有效性。

（二）分类处理，突出重点

根据客观因素分类测算，在补助力度上体现差异、突出重点。以生态类型为例，目前广西在分配国家重点生态功能区转移支付资金时将生态类型分为四类：南岭山地森林及生物多样性生态功能区、桂黔滇喀斯特石漠化防治生态功能区、水源涵养生态功能区和水土保持生态功能区。生态功能区类型不同，其特点、主要生态问题、生态保护主要方向与措施也各异，对资金的需求以及资金分配的侧重点都具有差异性。

（三）注重激励，强化约束

建立健全资金分配使用考核以及生态环境保护综合评价和奖惩机制，激励地方加大生态环境保护力度，提高资金使用效率。2012 年起，中央财政将国家重点生态功能区所属县市纳入生态环境质量考核范围，为评估中央财政转移支付资金对国家重点生态功能区县域生态环境质量改善及保护效果，生态环境部会同财政部通过日常监测、卫星普查、技术审核、现场核查、无人机高分辨率遥感抽查等综合手段，对相关县域进行了全面的监测、评价与考核，形成了综合考核报告，考核结果分为：明显变差、一般变差、轻微变差、保持稳定、轻微变好、一般变好。根据生态环境部提供的考核结果，财政部实施相应的奖惩机制，对生态环境质量“轻微变差”的县域扣减其转移支付增量，对生态环境质量“一般变好”的县域予以奖励。上述奖惩机制结果通过财政部网站对社会公开。

二、资金分配的范围

（一）限制开发的重点生态功能区和禁止开发区域所属县

广西重点补助地区有29个，其中国家级重点补助地区27个，具体范围见表2－1。广西自治区级重点补助地区2个，属于自治区级限制开发区的上思县、靖西市。为了弥补重点生态功能区限制大规模、高强度的工业化和城镇化开发的损失，国家通过对这一特定地区进行转移支付的方式进行补偿。

表2－1　广西国家级重点生态功能区县

广西重点生态功能区的类型	国家级
南岭山地森林及生物多样性生态功能区（4个）	资源县、龙胜各族自治县、三江侗族自治县、融水苗族自治县
桂黔滇喀斯特石漠化防治生态功能区（12个）	马山县、上林县、大化瑶族自治县、都安瑶族自治县、凌云县、忻城县、凤山县、乐业县、巴马瑶族自治县、天等县、东兰县、天峨县
水源涵养生态功能区（4个）（2016年新增）	阳朔县、灌阳县、恭城瑶族自治县、富川瑶族自治县
水土保持生态功能区（7个）（2016年新增）	德保县、蒙山县、罗城仫佬族自治县、西林县、金秀瑶族自治县、那坡县、环江毛南族自治县

资料来源：根据《国家重点生态功能区名录》及2017年《国家发展改革委办公厅关于明确新增国家重点生态功能区类型的通知》整理。

广西禁止开发地区目前有21个。在国家禁止开发区中有51个县涉及国家自然保护区、世界文化自然遗产、国家级风景名胜区、国家森林公园、国家地质公园，剔除已经纳入重点补助地区和引导类地区范围的30个县，尚有江南区、武鸣县、横县、宾阳县、城中区、鹿寨县、苍梧县、藤县、海城区、合浦县、东兴市、钦北区、港北区、桂平市、北流市、八步区、隆林县、象州县、江州区、大新县、扶绥县。从广西财政厅实地调研了解到，由于禁止开发区可能涉及到不同市县，而分布在市县区域面积相关数据难以统计，所以资金无法按禁止开发区的面积具体分到市县，禁止开发地区的补助资金目前只能以定额形式进行发放。

按照广西2017年印发的《广西生态文明体制改革实施方案》的要求，到2020年，要建立科学的空间规划体系。一方面，编制科学的空间规划。整合目前各部门分头编制的各类空间性规划，编制全区空间规划，明确自治区事权管控的空间区域及管制要求，划定城市开发边界、陆域生态保护红线、永久基本农田等主要控制线和跨区域性工程基础设施廊道，明确市县空间规划主要控制指标。研究建立统一规范的空间规划编制机制。建立自治区空间规划信息平台。另一方面，推进市县"多规合一"。加快推进国家级和自治区级"多规合一"试点工作，逐步形成一个市县一本规划、一张蓝图，复制推广成功经验，实现市县空间规划全覆盖。依法划定城镇建设区、工业区、农村居民点等的开发边界，以及耕地、林地、河流、湖泊、湿地等的保护边界。统筹规划城市地下空间，加快推进地下综合管廊建设，提高城市空间复合开发水平。可见，科学的空间规划体系的建立，有利于准确统计分布在不同市县区域的禁止开发区面积，有助于更公平地分配重点生态功能区转移支付资金。

（二）引导类区域

广西引导类地区总共 16 个。国家级引导类地区 12 个，分别是：融安县、临桂区、灵川县、全州县、兴安县、永福县、防城区、金城江区、宜州区、龙州县、宁明县和凭祥市（剔除已列入自治区重点补助范围的上思县）；自治区级引导类地区 4 个，分别是：桂林市本级、荔浦市、昭平县、田林县（剔除已列入国家级引导类地区的灵川、兴安等 2 个县）。在具体实施中，广西将森林覆盖率为全区最高的地区列入引导类地区，将本不属于重点生态功能区的漓江作为重点生态功能区资金分配因素的一部分，按漓江干流的长度和漓江流域的面积将补助资金分配给相关市县。

（三）选聘建档立卡贫困人口为生态公益岗位的地区

广西生态护林员补助地区 69 个，包括享受自治区重点生态功能区转移支付的 66 个市县区和隆安县、田阳县、田东县等不享受重点生态功能区转移支付但享受生态护林员补助的 3 个县。

三、资金分配的现行方法

在广西《重点生态功能区转移支付办法》中，"分配方法"占的篇幅最大，主要包括五种方法：第一，重点补助、引导性补助分配方法；第二，禁止开发补助分配方法；第三，生态护林员分配方法；第四，深度贫困地区补助分配方法；第五，生态监管绩效奖惩资金分配方法。具体选取的客观因素及计算公式如下。

(一) 重点补助、引导性补助分配方法

对纳入转移支付范围的重点补助区域、引导类区域所属县，以上一年分配数为基数，同时根据财力缺口、石漠化防治、森林覆盖、国家级保护区、漓江保护等客观因素对增量资金进行分配。补助系数按照以下三种分类逐步递减：国家级重点补助区域、自治区级重点补助区域和国家级引导类区域、自治区级引导类区域。用公式表示为：

某市县重点生态功能区重点补助或引导性补助=补助基数+增量补助

补助基数=上年补助额(不含生态扶贫补助额、奖惩资金)或当年核定补助基数

增量补助=(财力缺口补助额+石漠化防治补助额+森林因素补助额+国家级保护区补助额+漓江保护补助额)×补助系数

各项因素补助额测算方式详述如下。

1. 财力缺口因素补助额测算方式

按照当年自治区对下均衡性转移支付确定的标准财政收支缺口分配测算。用公式表示为：

某市县财力缺口因素补助额=财力缺口补助总额×财力缺口分配率

财力缺口分配率=该市县财力缺口÷财政收支缺口总额

由此可见，财政收支缺口越大，需要获得的重点生态功能区转移支付资金就越多。根据经济发展水平综合评价，广西经济发展水平中等的县（市、区）24个，面积比重24.5%；较低和低等级的52个，面积比重60.3%。由此可知广西的经济发展水平低的市县占比大，经济基础薄弱，政府财力弱，且该类市县主要分布在自然条件相对恶劣，地理位置偏远，人口较多，交通不便的桂西、桂东南等地区。在财力较弱和生态环境质量较差的双重压力下，该类地区在生态建设的过程中难度更大，资金的需求量就更大，而且重点生态功能区所处市县的经济社会发展受到环境保护的条件限制，地方政府的财力根本无力负担，财政收支缺口也就越大，难以承担保护和修复生态环境、提高生态产品供给的任务。

2. 石漠化防治因素补助额测算方式

根据各市、县石漠化面积占总量（纳入范围的各市、县石漠化面积合计）的比重和石漠化防治补助总额确定石漠化防治因素补助数额。用公式表示为：

某市县石漠化防治因素补助额=石漠化防治补助总额×石漠化面积分配率

石漠化面积分配率=(该市县石漠化面积÷石漠化总面积)×0.8+(该市县石漠化消减面积÷石漠化消减总面积)×0.2

综上，将石漠化防治作为补助测算的因素，将使石漠化地区生态保护和治理得到更多的资金支持。根据生态系统脆弱性和生态重要性综合评价，广西生态比较脆弱的区域面积较大，达5.14万平方千米，占全区总面积的21.7%，其中脆弱区域面积占10%。[①] 广西是黔桂滇石漠化综合防治核心区域，833.4万公顷岩溶土地面积，占广西土地总面积的35.1%；193万公顷石漠化土地，占广西土地总面积的8.14%，石漠化面积仅次于贵州和云南，居全国第三位。[②] 石漠化、土壤侵蚀等是生态脆弱的主要因素，石漠化最直接的后果就是土地资源的丧失，又由于石漠化地区缺少植被，不能涵养水源，往往伴随着自然灾害和严重的饮水困难。石漠化地区日趋恶化的脆弱生态环境制约了经济社会的发展，许多地方甚至不得不考虑“生态移民”。

3. 森林因素补助额测算方式

根据各市、县森林面积占总量（纳入范围的各市、县森林面积合计）的比重，以及各市、县森林覆盖率占总量（纳入范围的各市、县森林覆盖率合计）确定。用公式表示为：

某市县森林因素补助额=森林因素补助总额×森林因素分配率

森林因素分配率=该市县森林面积/Σ森林面积×0.5+该市县森林覆盖率/Σ森林覆盖率×0.5

森林覆盖率=该市县森林面积÷该市县国土面积

总而言之，以森林因素作为补助的测算因素，将使维护和提高森林生态产

---

① 数据来源于2012年《广西壮族自治区主体功能区规划》。

② 广西新闻网. 石漠化治理见证了广西的“绿色贡献”[EB/OL].（2017/08/15）[2019/10/25]. http://opinion.gxnews.com.cn/staticpages/20170815/newgx5992c7e4-16441274.shtml.

品供给能力得到有力支持。根据广西壮族自治区生态环境厅《2018 年生态环境状况公报》的统计，广西人工林面积居全国第一，森林面积 1480 万公顷，森林覆盖率 62.37%，活立木总蓄积量 7.90 亿立方米。

4. 国家保护区因素补助额测算方式

将纳入范围的市县辖区内重要生态功能区、自然保护区、国家地质公园和国家森林公园作为客观因素进行测算。用公式表示为：

某市县保护区因素补助额＝保护区因素补助总额×该市县保护区分配率

保护区分配率＝(该市县保护区个数÷保护区总数)×0.6+(该市县保护区面积÷保护区总面积)×0.4

以国家保护区作为补助的测算因素，有利于强化自然保护区建设和管理。2018 年新晋升国家级自然保护区 7 处，使广西区林业国家级自然保护区达到 19 处，居全国第六位，[①] 国家保护区的建设和管理的资金需求量也不断增加。以国家保护区作为补助的测算因素，将为自然保护区建设和管理提供更多的资金支持。

5. 漓江保护因素补助额测算方式

根据漓江干流流经相关市县区域内河流长度、流域面积计算确定。用公式表示为：

某市县漓江保护因素补助额＝该市县漓江长度分配率×漓江保护支出补助总额×0.5+该市县漓江流域面积分配率×漓江保护支出补助总额×0.5

漓江长度分配率＝该市县境内漓江干流长度÷漓江干流总长度

漓江流域面积分配率＝该市县境内漓江流域面积÷漓江流域总面积

可见，以漓江保护作为补助的测算因素，为漓江环境的治理提供资金支持。漓江全长 227 千米，干流长 164 千米，总流域面积 6050 平方千米，[②] 流域面积较大，干流治理的资金投入大。因此，以漓江干流流经相关市县区域内河

---

① 广西壮族自治区人民政府．让八桂大地人与自然和谐共生——全区林业部门大力推进自然保护工作纪实[EB/OL]．(2018/11/20)[2019/10/20]．http://www.gxzf.gov.cn/sytt/20181120－722508.shtml.

② 资料来源于广西壮族自治区自然资源厅。

流长度、流域面积来计算漓江保护区补助资金额有其合理性。

（二）禁止开发补助分配方法

对点状分布且不在重点补助及引导类区域范围的世界自然文化遗产、国家自然保护区、国家级风景名胜区、国家森林公园、国家地质公园等禁止开发区域所属市县给予适当定额补助。

广西禁止开发区域不以县级行政区为单元进行划分，点状分布于重点开发区域和限制开发区域中，共 174 处，面积 2.69 万平方千米，占全区总面积 11.4%。其中，国家层面禁止开发区域面积 1.22 万平方千米，占 5.1%；自治区层面禁止开发区域面积 1.47 万平方千米，占 6.3%。[①] 由于禁止开发的面积在主体功能区的规划范围内，以省份作为划分标准，就无法具体明确到每个市县的面积，且大部分地区已经属于引导类地区和重点补助地区，剩下的此类区域零星分布于重点开发区域和限制开发区域中，所以禁止开发补助基本上是对禁止开发区域内所属市县给予适当定额补助。这种定额补助的方式虽有一定合理性，但是忽视差异性统一定额补助，对禁止开发区域面积较大、生态恢复难度较大的县市来说相对不公平。

（三）生态护林员补助分配方法

补助范围为重点生态功能区转移支付补助县及滇桂黔石漠化片区县和国家扶贫开发工作重点县中选聘建档立卡贫困人口为生态公益岗位的地区。根据自治区林业部门核定的各市、县当年选聘建档立卡贫困人口为生态护林员人数计划，以及国家林业和草原局、财政部、国家扶贫办明确的每个生态护林员劳务补助测算标准确定补助额。

这一分配方法深入贯彻落实党中央“利用生态补偿和生态保护工程资金使当地有劳动能力的部分贫困人口转为护林员等生态保护人员”要求以及习近平总书记在山西深度贫困地区脱贫攻坚座谈会上关于“对生态脆弱的禁止开发区和限制开发区群众增加护林员等公益岗位”重要指示精神，实现“生态补偿脱贫一批”任务目标。根据财政部下达的生态护林员补助资金金额，结合广西建档立卡贫困人口数量、劳务补助等实际情况，合理确定生态护林员

① 资料来源于 2012 年《广西壮族自治区主体功能区规划》。

补助额，并确保全部用于建档立卡贫困户，尽量带动更多的贫困人口脱贫。同时笔者认为生态护林员补助应明确与当地森林资源情况结合确定，合理安排生态护林员数量，而非一味为了扶贫而增加护林员，这样更能发挥生态护林员的积极性，使资金效益最大化。

（四）深度贫困地区补助分配方法

补助范围为深度贫困县以及贫困人口较多、贫困发生率较高的其他贫困地区，按照贫困人口和贫困发生率等因素测算，并对自治区确定的极度贫困县和深度贫困县提高一定的补助系数。国家近年来实行脱贫攻坚，对深度贫困地区贫困人口比较多，贫困发生率比较高的地区给予深度贫困补助。在习近平总书记关于“新增脱贫攻坚举措主要集中于深度贫困地区”重要指示精神和实现“生态补偿脱贫一批”任务目标的指导下，三区三洲和长江经济带以外的其他地区也同样开始实行深度贫困地区补助，所以广西在2019年新增了这一类补助。根据贫困人口和贫困发生率确定县市的贫困程度测算深度贫困补助，使不同贫困程度的县域得到相应的补助额。同时该类资金补助是阶段性补助，到2020年全区极度贫困县、极度贫困村、极度贫困户全部脱贫摘帽，阶段性补助到期相应退出或取消。

（五）生态监管绩效奖惩资金分配方法

绩效奖惩对象为国家重点生态功能区。根据自治区发展改革委、生态环境厅综合评价结果采取相应的奖惩措施。对考核评价结果优秀、生态环境明显改善、严格实行产业准入负面清单的市县，适当增加转移支付。对非因不可控因素而导致生态环境恶化、发生重大环境污染事件、实行产业准入负面清单不力的地区，根据实际情况对转移支付资金予以扣减。此处虽然规定是以“考核评价结果、生态环境、严格实行产业准入负面清单”情况作为奖惩补助的重要标准，但是关于“保护生态环境和改善民生，加大生态扶贫投入”的分配，却没有相关比例规定，因此在实践中，易导致重点生态功能区财政转移支付资金分配偏离生态保护的目的。

按照上述分配方法，笔者对走访调研过的10个国家级重点生态功能区县2014—2018年重点生态功能区转移支付资金分配情况总结如表2－2。从表中的数据可以看出，广西10个国家级重点生态功能区县转移支付资金分配总额，由2014年54237万元增加至2018年71283万元，总增长率约为23.9%，年均增长率约为4.8%。其中2014—2016年，这10个重点生态功能区县转移支付资金分配金额增长较快，原因是金秀、富川、恭城、蒙山四县于2016年由区一级重点生态功能区升级为国家级重点生态功能区，转移支付资金出现大幅增长，但2017—2018年，大部分县则出现资金分配总额下降的现象。

表2-2　2014—2018年广西10个国家级重点生态功能区县转移支付资金分配情况①

（单位：万元）

县	2014年	2015年	2016年	2017年	2018年
上林	6713	6858	7572	8288	7219
马山	6465	6622	7482	7318	7433
都安	10202	10512	11492	12057	12094
金秀	3450	3734	5152	6074	6048
三江	4507	4607	5438	5039	5037
恭城	1579	1703	4035	4148	3954
龙胜	5154	5269	5713	7077	7314
富川	1571	1671	4190	4095	4021
资源	6445	6719	7518	7584	7256
蒙山	1438	1532	3854	3841	3688
合计	54237	56085	70018	73809	71283

第二节　资金分配的困境

西部地区生态环境脆弱、交通不便且基础设施薄弱、公共卫生状况堪忧、教育发展水平较低、社会保障体系脆弱，直接影响当地的自主发展能力，同时也决定了当地地方政府承担事权的特殊性，这迫切要求与特殊事权相适应的财

① 表格数据来源于广西壮族自治区财政厅。

权得到充分保障。广西壮族自治区自2009年起设立重点生态功能区，享受重点生态功能区转移支付补助资金的市县当时仅有11个，而十年后，已达到69个，国家重点补助地区也增加到27个，重点生态功能区转移支付资金在这期间也由最初的5.48亿元增长到2019年的29.95亿元。尽管这笔资金呈逐年上升趋势，对保护生态环境和改善民生发挥了一定的作用，但与既定目标相比还有一定差距。如何进一步提高转移支付的实效，保障财力与事权匹配？广西重点生态功能区转移支付在资金分配环节面临的困境，值得深入探析。

一、转移支付的性质与目标相互掣肘

重点生态功能区转移支付定性为均衡性转移支付，“推进生态文明建设，推动高质量发展，引导地方政府加强生态环境保护”与“提高国家重点生态功能区等生态功能重要地区所在地政府的基本公共服务保障能力”，是实施国家重点生态功能区转移支付制度的双重目标，为落实双重目标，资金用途限于“保护生态环境”“改善民生”“生态扶贫”三个领域。当资金下达到县，可以由县财政部门围绕着“保护生态环境”“改善民生”“生态扶贫”三个方面自主分配，由于这三个方面涵盖的范围太广，又无特定分配标准，实践中各个县通常根据各部门所列的预算支出项目拨付资金，具体用途往往各不相同，甚至同一个县每一年的资金分配明细都不一样。资金分配过于分散，难以实现转移支付的既定目标。例如：三江县2014—2018年重点生态功能区转移支付资金都分配在11个项目上，分别是土地整治专项经费、地质灾害监测治理专项经费、县城绿化工程、节能环保专项治理管理经费、环境监察执法能力建设项目前期经费、农村饮水和垃圾无害化处理工作、环境监测与信息、污染治理专项经费、“绿满八桂”造林绿化工程、生态农业发展、安排教育经费投入。但是富川县2014—2017年的资金分配每年各不相同，2014年资金主要用于环保局生态环境监管、污染防治经费和水质监测站项目启动经费等工作经费；环卫站无害化垃圾填埋运营经费、垃圾车维护费，垃圾车维护费；市政局旧垃圾场二期工程、朝东污水厂项目前期经费；发改局创建国家生态文明先行示范区建设方案编制经费；林业局龟石湿地公园总体规划费；支付城投公司生活垃圾填埋项目和污水处理厂工程贷款利息。2015年资金主要用于环境监测、畜禽养殖污染防治规划编制、农村饮水安全工程、无害化垃圾填埋场运作、林地植被恢复、小型水库除险加固工程、全县各乡镇清洁乡村保洁员经费、现代农业核心示范区（神仙湖、古城大岭）项目、育林支出等方面。2016 年资金主要用于环境监测、畜禽养殖污染防治规划编制、乡镇环保规划编制、无害化垃圾填埋场运作、县城污水处理、农村环境综合整治项目地方配套、现代特色农业核心示范区（福利）项目、新农合县级配套以及一级保护区内网箱养鱼、养猪清除费等方面。2017 年资金主要用于垃圾场填埋运营经费、大气和水质监测费、垃圾处理市场化运作经费、第二批 20 户以上自然村道路硬化工程、编制《环境监测报告书》、人工影响天气标准化作业站建设、人饮安全巩固提升工程配套、农田水利建设、农村一事一议配套、农村新型生态社区建设、村级活动场所标准化建设等方面。由此可见，县以下政府在分配转移支付资金时由于缺乏科学的规划和具体要求，导致资金被拆分得太过小而散，不利于集中财政力量实现既定的政策目标，让转移支付发挥应有的扶持作用。

二、生态扶贫资金投入与需求不成正比

生态扶贫是将生态保护和资源利用、生态保护和开发扶贫、生态保护和发展经济有机统一在一起，强调增量收益与存量收益并重的一种扶贫方式。[①] 其理念既反映了绿色发展、循环发展的要求，又体现了“两山”理念，通过将生态与扶贫结合在一起，使得贫困人口在生态保护过程中实现脱贫致富。根据国家发展和改革委员会牵头制定的《关于印发生态扶贫工作方案的通知》（发改农经〔2018〕124 号）附件，生态扶贫的途径有以下四种：生态工程建设、生态公益性岗位、生态产业、生态补偿。广西壮族自治区高度重视和全面贯彻习近平总书记关于脱贫攻坚的重要指示精神，坚持生态保护与脱贫致富并重，不断加大对生态扶贫的支持力度，以带动贫困人口走上小康之路。然而在重点生态功能区转移支付生态扶贫资金分配的过程中，面临着资金投入与需求不成正比的难题，致使生态与扶贫相结合的模式无法有效开展。笔者以生态护林员和生态产业扶贫为例，深入探讨这一特殊领域生态扶贫资金分配面临的困境。

---

① 雷明．绿色发展下生态扶贫［J］．中国农业大学学报（社会科学版），2017（10）：87.

（一）生态护林员补助标准低

广西积极响应《中共中央　国务院关于打赢脱贫攻坚战的决定》（中发〔2015〕34号）的要求，在各个贫困县开展生态护林员选聘工作，有计划地安排建档立卡贫困人口从事生态护林员岗位，生态护林员补助资金由国家财政部按每人每年1万元的标准测算下拨给地方，用于支付生态护林员的劳务工资，地方可以根据这笔资金来确定选聘生态护林员的人数。然而由于各个省份的实际情况不同，统筹管护面积与管护难度等因素也各不一样。就广西而言，广西生态脆弱贫困地区面积大、深度贫困人口多，如果按照国家规定的补助标准进行选聘，生态护林员补助资金无法满足广西贫困地区将建档立卡贫困人口转化为生态护林员，实现“生态补偿脱贫一批”任务目标的需求。从表2-3可看出，2017—2019年，中央对广西重点生态功能区转移支付资金呈逐年上涨趋势，2019年甚至高达29.95亿元，但是生态护林员补助占重点生态功能区转移支付补助资金最高仅为11%。由此可见，重点生态功能区转移支付补助资金在生态护林员选聘领域的投入太少。由于生态护林员补助资金受最低数额和广西脱贫标准线的限制，对贫困县又有将生态护林员补助尽可能覆盖更多的贫困人口的要求，生态护林员补助资金在分配的过程中愈发捉襟见肘。

表2-3　广西2017—2019年生态护林员补助资金在重点生态功能区转移支付补助总额中的占比①

（单位：亿元）

年份	生态护林员补助	重点生态功能区转移支付补助（占比）
2017	1.90	22.12（8.6%）
2018	2.60	22.82（11.4%）
2019	2.60	29.95（8.7%）

以广西金秀瑶族自治县为例，广西林业厅2016年下达该县的相关补助资金280万，根据国家标准安排生态护林员为280名，并规定生态护林员全年护林补助资金不得高于1万元②，也不得低于当年自治区划定的脱贫标准线。该县根据森林资源面积分布、森林资源管护难易程度等实际因素，于2016年聘

① 表格数据来源于中华人民共和国财政部官网。

② 参见2016年《金秀瑶族自治县建档立卡贫困人口生态护林员选聘实施方案》。

用了777名生态护林员。但这个数目超出了自治区安排的名额，以致该县生态护林员每人全年护林补助资金仅为3600元，与国家1万元最高生态护林员补助标准相差甚远。2017年，金秀县获得生态护林员补助资金464万元。除此之外，该县需要通过财政局统筹配套153.62万元用于支付生态护林员劳务工资，也需要按照每人500元的标准分配生态护林员人身意外保险、巡护装备及业务培训等资金共36.7万元，配套资金的支出无疑加大了金秀县的财政压力。根据自治区的规定，每年给生态护林员进行培训不得少于两次①，而受制于生态护林员补助资金标准和县财政压力，金秀县林业局只能遵循最低标准对生态护林员一年培训两次。根据资料显示，在“十三五”期间金秀县需完成3885名贫困人口脱贫，而全县当时共有贫困户8688户、贫困人口3.23万人，为了完成脱贫攻坚的目标，金秀县只能降低生态护林员补助标准以增加护林员名额数达到森林管护的目的，由此导致生态护林员每月补助额和当地农村居民最低生活保障标准持平甚至低于该标准。例如，根据2018年广西金秀县、都安县、三江县有关护林员、管护面积和补助额的相关规定②（具体内容见表2－4），生态护林员每月获得的补助资金比较低，而标准如此低的补助难以吸引青壮年劳动力加入到生态护林员的行列，具体表现在生态护林员群体年龄大多集中在40～60岁，占比约为3/4。③ 受文化程度较低、管护培训不规范、巡护森林面积大等因素的影响，生态护林员的工作质量无法得到保证，当遇到紧急情况，生态护林员可能无法及时采取正确的应对措施，给森林的管护带来极大的隐患。因此，亟待增加护林员补助资金，吸引更多的年轻力壮的人加入生态护林员队伍，提高生态护林员的综合素质，从而高质量完成森林管护任务，更好地

---

① 参见广西壮族自治区林业厅、财政厅、扶贫开发办公室关于印发《广西壮族自治区建档立卡贫困人口生态护林员选聘实施细则的通知》（桂林计发〔2018〕83号）附件1。

② 参见广西壮族自治区三江侗族自治县人民政府办公室2018年11月21日印发的《三江县2018年度建档立卡贫困人口生态护林员选聘实施方案》；广西壮族自治区金秀瑶族自治县人民政府《金秀瑶族自治县2018年生态护林员管理办法》；广西壮族自治区都安县政府做出的《都安县建档立卡贫困人口生态护林员劳务管护协议》；广西壮族自治区那坡县政府做出的《那坡县2018年建档立卡贫困人口生态护林员选聘实施方案》；广西壮族自治区来宾市民政局2018－05－07《来宾市提高城乡居民最低生活保障标准》；《2018年河池市最低生活保障标准》；广西壮族自治区柳州市人民政府办公室 柳政办函〔2018〕22号《柳州市人民政府关于2018年柳州市城乡居民最低生活保障标准的批复》；百色市民政局2019－04－29发表的《百色市确定2018年最低生活保障标准》。

③ 耿国彪．生态护林员助推精准扶贫［J］．绿色中国，2018（03）：46－47.

保护生态环境。

表 2－4　2018 年广西 4 县有关生态护林员管护面积和补助额的规定①

标准	金秀县	都安县	三江县	那坡县
每人管护面积	2500 亩	≥500 亩	≥800 亩	≥500 亩
每月补助金	300 元	400 元	833.3 元（四人或以上户，管护≥2000 亩） 625 元（三人户，管护≥1500 亩） 416.7 元（二人户，管护≥1000 亩） 250 元（一人户，管护≥800 亩）	833.3 元（四人或以上户，管护≥1000 亩） 625 元（三人户，管护≥750 亩） 416.7 元（二人户，管护≥500 亩） 250 元（一人户，管护≥400 亩）
当地最低生活保障	300 元/人	316.7 元/人	298.5 元/人	318.3 元/人

金秀县面临的困境，在广西其他重点生态功能区县也普遍存在，如果不加以重视，将不利于重点生态功能区的建设。

（二）生态扶贫产业资金投入不足

习近平总书记于 2016 年 4 月在安徽考察时指出："要脱贫也要致富，产业扶贫至关重要。"生态产业扶贫是以同时实现脱贫和生态保护为目的，以实施生态产业项目为依托，以贫困地区特色生态资源为基础，以政府生态扶贫政策为支撑，引导和扶持企业、个人及其他机构利用当地特色生态资源，开发特色生态产品，从而增加贫困人口就业和收入，实现贫困人口持久脱贫的模式。②生态产业扶贫是在保护、改善生态的基础上，合理利用贫困地区的特色生态资源进行经济开发，形成独具特色的产业优势和经济优势，营造经济效益和生态效益双赢的局面。这种可持续性的绿色扶贫模式已经成为当今生态扶贫中的标杆，在各地推广。随着中央逐年加大对广西重点生态功能区转移支付的力度，自治区下拨到各个县域的重点生态功能区转移支付资金也水涨船高，然而各个县对这笔资金的分配绝大多数用在民生保障和政府基本公共服务支出领域，即使用于环境保护，也仅局限于环境监测、农村环境综合整治、林业防灾减灾等

① 表格数据来源于三县林业局。

② 黄小平．江西省生态产业扶贫的 SWOT 分析及对策建议［J］．企业经济，2018（09）：170.

消耗性支出，几乎没有多余的资金安排在生态扶贫产业领域，这与生态扶贫产业所能带来的巨大生态效益与经济效益形成鲜明反差。

以都安瑶族自治县的油茶产业和两性花毛葡萄产业为例，两种产业均属于生态产业扶贫，油茶产业采取“能人带动，政府扶持，群众参与，种养结合”的模式，两性花毛葡萄产业则采取合作社发展模式，二者均是在山地上种植，既可以提高土地利用率、增加植被覆盖率、保持水土，又可以防止土地石漠化、促进就业、增加农民收入，带动贫困人口脱贫。这两种生态产业给当地带来巨大的经济效益、生态效益和社会效益，但在产业发展过程中并未获得重点生态功能区转移支付资金的大力扶持。中央下达的重点生态功能区转移支付资金数额有限，用途分散，没有太多资金投入到生态产业扶贫领域。都安油茶产业和两性花毛葡萄产业在创立初期均面临资金缺口大的困境，需要政府的大力扶持。县政府虽然也给予创业者发展产业资金，并帮助完善基础设施建设，但这些资金更多是来源于其他专项资金和广东深圳对口帮扶资金，来自重点生态功能区转移支付资金的比例很小，未能起到引导、扶持生态产业发展的关键作用。在生态产业发展初期以及扩大经营规模的关键时刻，创业者经常面临资金短缺的问题，如果没有足够的资金支持，很容易导致生态产业夭折，或者发展缓慢、难以形成规模化、产业化的发展模式，也会挫伤创业者通过生态产业扶贫的积极性，影响脱贫攻坚的力度和进度。笔者认为应当充分发挥重点生态功能区转移支付资金的示范和引领作用，将资金更多投入到生态扶贫产业领域，引导扶持生态产业的发展。因为一旦生态产业发展效果显现，不仅可以安排更多的贫困人口就业，而且可以吸引大量的专项资金和社会资金投入，从而促进生态产业规模化发展，达到多赢效果。

三、财力较弱和生态环境质量较差地区的资金投入与需求相距甚远

根据 2010 年国务院印发《全国主体功能区规划》（国发〔2010〕46 号）的规定，可将国家重点生态功能区大致分为水源涵养型、水土保持型、防风固沙型、生物多样性维护型四种类型。目前广西共有 27 个县被列为国家重点生态功能区，涵盖了以上四种类型。纵观这 27 个县份所在地不难发现，这些地区绝大多数位于广西边远山区，不仅交通落后、经济发展滞后、贫困人口集

中，而且生态环境特别脆弱，地貌总体呈山地丘陵的特征，维护和治理生态环境的成本普遍偏高，如果遇上频繁的自然灾害，维护和治理的难度更大，成本更高。这些地区大多数还属于国家级贫困县，财力基础薄弱，财政收入主要来源于中央对地方的转移支付，是典型的补助财政和吃饭财政。按照中央和广西《重点生态功能区转移支付办法》的规定，国家重点生态功能区转移支付资金由财政部按照统一公式分配、测算、下拨给地方，由于粗略的分配并未将平衡地方实际发展水平与维护生态环境的成本差异精细测算，也没有将成本差异作为分配资金的重要依据，在分配资金时难免造成向财力较弱地区和生态环境质量较差地区倾斜不够的局面。

（一）资金分配标准未充分考虑地方财力水平的差异

一般来说，财力水平越弱的地区，用于生态环境保护的资金比例越小。重点生态功能区转移支付作为一种均衡性转移支付，应当在资金分配时向这些地区倾斜。然而，实际操作中很难满足这一需求。

广西的重点生态功能区大多位于偏僻山区，地方政府财力薄弱。用来表征“财力薄弱”的重要因素是“财力缺口”。根据2017年广西壮族自治区重点生态功能区转移支付的测算方法（详见表2－5）可以看出，财力缺口因素测算权重只有20%，其余因素测算权重达到80%。2017年广西上林、马山等重点生态功能区县均衡性转移支付收支缺口①及补助（详见表2－6）也说明财力缺口因素测算权重过小。从表格中统计的数据可以看出，上林、马山、三江、恭城、资源五个县的财政收支缺口均达到上亿元人民币，而与此对应的增量补助②却只有几万元到几十万元不等，资源县的增量补助甚至只有4万元。这组数据反映出，由于财力缺口因素测算权重过低，测算方法有待改进，中央以及省（区）对重点生态功能区转移支付未能向财力薄弱地区倾斜。

---

① 《中央对地方重点生态功能区转移支付办法》对于财政收支缺口规定为：“标准财政收支缺口参照均衡性转移支付测算办法，结合中央与地方生态环境保护治理财政事权和支出责任划分，将各地生态环境保护方面的减收增支情况作为转移支付测算的重要因素。”

② 《广西壮族自治区重点生态功能区转移支付办法》对于（增量）补助规定为：“对纳入转移支付范围的重点补助区域、引导类区域所属县以上年分配数为基数，同时根据财力缺口、石漠化防治、森林覆盖、国家级保护区、漓江保护等客观因素对增量资金进行分配。”

表 2－5　　2017 年广西重点生态功能区转移支付测算因素及权重[①]

项目	财力缺口因素	保护区因素	石漠化防治因素	漓江保护因素
权重	20%	20%	20%	10%

表 2－6　　2017 年广西 6 个重点生态功能区县测算因素及补助[②]

测算因素及补助	上林	马山	三江	恭城	龙胜	资源
均衡性转移支付收支缺口	56505 万元	78751 万元	45210 万元	20847 万元	3348 万元	11122 万元
（增量）补助	61 万元	85 万元	49 万元	26 万元	4 万元	12 万元
森林面积（覆盖率）	98763 公顷（52.8%）	147491 公顷（63.0%）	189439 公顷（78.2%）	173670 公顷（81.1%）	194193 公顷（79.1%）	153731 公顷（79.2%）
（增量）补助	54 万元	71 万元	90 万元	88 万元	91 万元	82 万元
石漠化面积/消减面积	40506 公顷/9828 公顷	35658 公顷/12524 公顷	0 公顷/0 公顷	15540 公顷/3886 公顷	1283 公顷/524 公顷	0 公顷/0 公顷
（增量）补助	74 万元	72 万元	0 万元	29 万元	3 万元	0 万元

接下来以恭城县为例作详细说明。恭城瑶族自治县属于山区贫困县，隶属广西桂林市，贫困人口多数分布在边远山区、水源林保护区周边地区。其中水源林保护区周边有 26 个贫困村，占全县贫困村总数近一半。这些地区自然条件差，基础设施老化，村民抵御自然灾害能力弱，靠天吃饭的局面仍未从根本上改变。而且该区域城镇化率较低，仅为 31.82%，加上经济总量小、产业基础薄、贫困面大、基础设施不完善，经济发展水平远远低于广西经济发达地区，基本公共服务供给能力“短板”突出，可用财力不足。其中，中央对地方的转移支付占地方财政收入比重较大，2018 年中央转移支付占恭城全县一般公共预算总收入的 57%，虽然相较于 2017 年而言，所占比例已经有所下降，但是可以看出，恭城县对中央转移支付资金的依赖程度仍然较高。

此外，恭城瑶族自治县境内矿产资源丰富，钽铌产量在全国占重要地位，

①②　数据来源于广西壮族自治区财政厅。

铅锌矿藏量居广西第二位，促进了当地采矿业的兴盛，推动了经济的发展，使采矿业及其相关的产业成为地方税收的主要来源。但近年来，由于有色金属矿产价格持续低迷，生产成本快速增长，环保压力加大，企业被动式停产整顿频繁，再加上矿源逐渐枯竭，重点矿产企业运转陷入困境。① 许多采矿产业纷纷倒闭或者搬离当地，使采矿业对财政税收的贡献率急剧下降。例如，2016 年长行冶金炉料公司，以及其他矿产业的停产，导致恭城县税收大幅减少，致使当年税收收入未完成预算目标。自从 2016 年恭城县升级为国家重点生态功能区之后，必须严格执行产业准入负面清单。按照 2017 年广西壮族自治区发展和改革委员会印发《广西第二批重点生态功能区产业准入负面清单（试行）》（桂发改规〔2017〕1652 号），采矿业在恭城县属于限制类产业，有些金属采选业属于禁止类产业，这使得当地许多采矿业无法继续生产。恭城县也因此失去税收的重要来源，这对该县的财政收入来说无疑是“雪上加霜”。从表 2 - 2 反映的转移支付资金分配信息来看，恭城县获得的资金总额排名倒数第二，且 2018 年与 2017 年相比数额有所下降。因此，在资金有限、财政吃紧、民生压力较大的情况下，地方政府往往会将重点生态功能区转移支付资金优先用于民生保障和基本公共服务领域，用来维持、改善生态环境的资金就会相应减少。如果这些经济发展落后、为保护生态而牺牲当地经济发展机会的地区未能得到国家重点生态功能区转移支付资金足够的支持，必将极大挫伤它们建设重点生态功能区的积极性。

（二）资金分配标准未细致参考生态环境治理成本

广西四种类型重点生态功能区各具特色，所面临的生态问题、生态治理的措施和成本各不相同。生态环境越恶劣的地区，治理的成本越高，资金的需求量越大。以石漠化防治生态功能区为例，石漠化一直是困扰广西发展的严重生态问题，截至 2016 年底，广西岩溶地区石漠化土地总面积为 153.29 万公顷，遍及河池、百色等 9 个地市，石漠化土地面积占广西土地总面积的 8.14%。② 以上林、马山两县为例，两县生态环境脆弱，石漠化问题严重影响当地民众生活和经济发

① 谭洁．民族地区重点生态功能区财政转移支付法治化研究——以广西三江、龙胜、恭城、富川为例［J］．中南民族大学学报（人文社会科学版），2019（01）：167.

② 数据来源于广西林业厅，地址 http：//www.forestry.gov.cn/main/138/content-949414.html。

展。根据表2－5和表2－6统计的信息，在2017年自治区重点生态功能区转移支付测算方法中，石漠化防治因素只占20%的权重，上林、马山为此得到的增量补助分别是74万元和72万元，这与两县石漠化问题的严重性和危害性并不成正比。根据中国政府采购网显示，上林县2016年岩溶地区石漠化治理工程项目预算为850万元，2017年该数据高达865.5496万元。[①] 由此可见，广西上林县为治理石漠化每年需花费大量资金，增量补助与石漠化治理成本相去甚远。因素分配法测算不合理导致资金分配未能向生态环境质量较差地区倾斜。

例如，马山县是广西石漠化特别严重的县份之一，石漠化土地面积占广西石漠化土地总面积的2.03%，集国家重点生态功能区与国家级贫困县于一体，生态脆弱与贫困落后共存。马山县境内多山，大体分东西两大部，东部多大石山，西部多丘陵，山体自然坡度大，岩石风化强烈，地质复杂而且十分脆弱，石山面积占全县总面积的56.3%，耕地面积较少，生存环境恶劣，贫困人口众多。为了解决人多耕地少的问题，村民们往往通过毁林毁草开垦来扩大耕地面积，导致植被覆盖率下降，水土流失严重，石漠化面积扩大，使当地的生态环境愈加恶劣。石漠化被称为“地球癌症”，植被的恢复重建是治理石漠化的关键。在马山县这种石山地区，自然条件极差，基础设施落后，特别是石漠化地区石多土少，抗灾能力差，石山上种树成本高，是土山的3倍以上，造林难度极大。[②] 再加上马山县夏季多雨，洪涝灾害频繁，致使石山地区水土流失严重，岩石裸露面积大，山上土壤贫瘠，在这样的生长环境下，树苗不易存活，生长耗时长，大大提高了生态恢复治理的难度，使其治理成本也比一般的地区高。此外，石漠化地区既不适合耕种也不适合居住，所以生态移民也是治理石漠化的手段之一，但是贫困人口的搬迁、安置也需要资金的支持，这也无形之中增加了马山县治理石漠化的成本。

马山县生产基础薄弱，经济发展严重滞后，当地财政缺口大，无法为治理

---

① 广西上林县2017年岩溶地区石漠化治理工程项目预算在865.5496万元基础上，经南宁市发展和改革委员会批准增加65.65万元。该数据参见广西南宁市发展和改革委员会网站：http://fgw.nanning.gov.cn/fggz/ncjj/t1356731.html。

② 甘海燕，胡宝清.石漠化治理存在问题及对策——以广西为例［J］.学术论坛，2016（05）：55－56.

石漠化提供足够的资金。国家对重点生态功能区的生态环境保护有严格的要求，石漠化治理是马山县所在生态功能区的重要任务。然而，中央对马山县重点生态功能区的转移支付的资金总量过小，且 2016—2018 年呈下降趋势，这大大加重了马山县恢复、治理生态环境的压力。转移支付资金中仅有生态护林员补助资金要求专款专用，其余的资金由政府按轻重缓急自主安排，而政府一般会把资金用于“三保”，由于改善生态环境成本高、周期长、见效慢，政府在这一领域分配大量资金的意愿并不强烈。因此，国家在测算重点生态功能区转移支付资金时，应当充分考虑区域间生态环境治理成本的差异性，资金应向生态环境质量较差地区倾斜，使转移支付资金能够与生态环境保护的实际相适应，减轻地方政府的财政压力。

四、生态监管绩效奖惩资金分配难以达到预期效果

为了规范国家重点生态功能区转移支付资金的监管、提高资金的使用绩效，财政部、环境保护部联合制定了《国家重点生态功能区县域生态环境质量考核办法》，并于 2012 年起实施。该办法由相关部门对限制开发国家重点生态功能区县进行生态环境监测与评估，评估结果可分为“变好”、“基本稳定”和“变差”三个等级，而变好、变差又可以进一步细分为“轻微”、“一般”和“明显”三类，从而形成了三等七类的考核标准，最后由财政部根据评估结果采取相应的奖惩措施。对于考核评价结果优秀、生态环境明显改善、严格实行产业准入负面清单的市县，适当增加转移支付；对非因不可控因素而导致生态环境恶化、发生重大环境污染事件、主要污染物排放超标、实行产业准入负面清单不力的地区，根据实际情况对转移支付资金予以扣减，一套完整的生态监管绩效奖惩机制由此形成。然而，这套生态监管绩效奖惩机制在实施的过程中存在资金分配范围窄、数额少、绩效评价指标缺乏针对性、效果不明显等问题。

（一）生态监管绩效奖惩资金辐射的县域比例低

以广西为例，近年来，广西在重点生态功能区建立起生态监管绩效奖惩机制，截至 2018 年，广西共有 27 个县域被纳入生态环境质量考核范围中，但考核结果不尽如人意。

依据生态监管绩效奖惩资金分配方法，针对县域生态环境质量评估结果设置不同的奖惩金额，生态环境质量得到“明显变好”的县份获得的奖励资金最多，其次是“一般变好”，最后是“轻微变好”；与此同时，评估结果为“明显变差”的县份被扣减的资金最多，惩罚最重，“轻微变差”惩罚最轻。从表2-7可看出，在2016—2018年国家重点生态功能区县域生态环境质量考核中，广西生态环境质量被评为“变好”和“变差”的比例较小，均呈下降趋势，被评为“变好”的县份的比例更是大幅度下降，从2016年的31.25%降为2018年的3.70%，而生态环境质量被评为“基本稳定”的比例则呈上升趋势，2018年甚至高达92.59%。由此可见，在县域生态环境质量考核中被评为“基本稳定”的县份远远高于被评为“变好”与“变差”县份之总和，这也就意味着，生态监管绩效奖惩资金辐射的县域比例偏低，实施效果并不明显。

表2-7　广西2016—2018年国家重点生态功能区县域生态环境质量考核结果及变化趋势一览表①

年份	变好（EI≥1）	基本稳定（-1<EI<1）	变差（EI≤-1）
2016	31.25%	62.5%	6.25%
2017	12.5%	68.75%	18.75%
2018	3.70%	92.59%	3.70%
变化趋势	↓	↑	↓

表2-7统计的数据说明绝大多数重点生态功能区县级政府以保持生态环境质量“基本稳定”为目标，牢牢守住县域生态环境质量考核底线，既不会被扣减转移支付资金，又不用将重点生态功能区转移支付资金过多投入于生态环境保护领域。在这种情况下，县级政府缺乏提供生态产品的积极性，会基于自身的偏好分配转移支付资金，即对中央政府的标准往往进行适当变通，降低生态环境保护标准。② 虽然2019年中央对地方转移支付办法中，明确规定将转移支付资金用于保护生态环境和改善民生，但对二者之间的投入比例并未做出严格的限定。广西在执行过程中，也未规定比例，这一现状容易助长地方政府

---

① 数据来源于广西生态环境厅。

② 张跃胜．国家重点生态功能区生态补偿监管研究［J］．中国经济问题，2015（11）：88.

对待生态环境保护的消极态度，在转移支付资金分配中容易出现“重民生，轻生态”的局面。综上，当前重点生态功能区生态监管绩效奖惩资金分配的激励效果不足，在重点生态功能区建设中没能发挥应有的导向作用。

（二）生态监管考核奖惩资金数额少

在重点生态功能区转移支付资金分配中，生态监管绩效考核奖惩资金设计的初衷就是为政府保护生态环境提供充足的动力，但实际情况并非如此。例如，在2016年的县域生态环境质量考核中，资源县、三江侗族自治县生态环境同被评为“一般变好”，获到的奖励资金分别仅占该地当年重点生态功能区转移支付资金的4.8%和6.5%，并且奖励资金的来源仅限于被惩罚的县扣减的资金，足见其奖励力度之小。相较而言，在2019年的考核工作中，蒙山县因生态环境质量被评为“轻微变好”，获得704万元的奖励资金，占该县当年重点生态功能区转移支付资金总额的15.5%，但是，这笔奖励资金仍不能弥补当地政府因保护生态环境而丧失发展机会造成的损失。在生态绩效考核惩罚方面，以三江、巴马两县为例，2017年三江县因生态环境质量“轻微变差”被扣减62万元，仅占重点生态功能区转移支付资金的1.2%，数额过小，对当地的影响并不大；而巴马县连续两年被评为“轻微变差”，直至2018年，当地政府方才加强对生态环境的保护，从而脱离被惩罚的行列。

（三）绩效评价指标缺乏针对性

2017年我国环境保护部办公厅发布了《关于加强“十三五”国家重点生态功能区县域生态环境质量监测评价与考核工作的通知》以及实施细则、现场核查指南，明确规定了重点生态功能区县域生态环境质量监测、评价与考核的技术方法，从中可以总结出重点生态功能区县域生态环境的考核体系（详见图2-1）。图中的信息反映出我国重点生态功能区县域生态环境考核指标体系分为两大类，分别为技术指标和监管指标①，前者是评价县域生态环境质量

① 技术指标中，生态功能、生态结构、生态胁迫重点突出防风固沙、水土保持、水源涵养和生物多样性维护4种功能类型的差别化。环境状况指标从水、空气等环境要素质量和污染物排放与治理两个角度构建指标体系。监管指标中生态环境保护管理指从生态保护制度、措施、成效、监管能力等方面设立具体指标；局部自然生态变化详查主要评价局部区域人为活动引发的自然生态变化；人为因素引发的突发环境事件主要反映县域内出现的环境污染事件或生态环境违法案件情况。

状况指标，后者是反映地方政府在生态环境保护方面进行的工作和成效的指标。将这些指标引入特定公式①，就可以计算出某省（区）重点生态功能区绩效考核奖惩资金。

针对重点生态功能区财政转移支付制定的绩效评价标准的目的在于保护生态环境、改善民生以及加大生态扶贫投入，因此，绩效评价标准所涉及的指标设计应当紧紧围绕这三大目的展开。根据图 2－1 可以发现，在考核体系中，诸如生态功能、生态结构、生态环境保护管理等相关指标多达数类，细化指标更高达数十类。以广西金秀自治县为例，2018 年《县域生态环境质量监测、评价与考核工作实施方案》中，考核指标分为三大类，下面又细分为十七小类，考核指标种类繁多。虽然从表面上看，以上考核指标面面俱到，体现了当地生态环境的整体性，但是过于繁杂的指标，通过统一标准化的公式推算，往往无法真正聚焦于地区局部生态环境质量的变化。以广西马山重点生态功能区为例，马山石漠化问题严重，该功能区生态环境的建设、恢复以石漠化治理为重点。2017 年马山石漠化面积为 35658 公顷，减少面积 12524 公顷，石漠化治理取得巨大成果，然而，马山因此得到的中央以及自治区的（增量）补助仅为 72 万元人民币。与此同时，2017 年马山县由于绩效考核不合格而被扣减资金 109 万元人民币。② 这说明马山重点生态功能区治理石漠化的成效并没有在总的绩效考核奖惩资金中转化为积极的结果，同时也证明绩效考核评价指标缺乏针对性。

（四）资金奖惩以外的责任形式乏善可陈

在中央和地方重点生态功能区转移支付办法中，绩效考核的结果只有三种，即奖励资金、扣减资金或维持上一年度补助水平。根据广西财政厅 2016—2019 年的数据统计，在绩效考核扣减资金方面，最多的是 2019 年的资源县，扣减资金数额为 1100 万元，最少的是 2017 年的三江县，扣减资金数额为 62 万元，与此相对应的生态环境考核等级分别为一般变差和轻微变差。③

---

① 具体公式为：$\Delta EI = \Delta EI' + EM'_{管理} + EM'_{无人机} + EM'_{事件}$，公式中：$\Delta EI'$为考核年与对照年生态环境质量变化值，$EM'_{管理}$为生态环境保护管理评价结果；$EM'_{无人机}$为局部区域自然生态变化评价结果；$EM'_{事件}$为突发环境事件评价、生态环境违法案件评价结果。

② 该数据来源于广西壮族自治区财政厅。

③ 国家重点生态功能区生态环境考核等级为六档，分别为明显变好、一般变好、轻微变好，轻微变差、一般变差、明显变差，与此对应的是绩效考核奖惩资金额。

即便绩效考核结果为最差，其结果也是补助资金的减少，且数额较小，奖励资金的来源也仅限于扣减资金的总额。除资金奖惩以外，其他的责任形式乏善可陈，因此，通过绩效奖惩资金分配所发挥的激励和约束作用并不明显。如果绩效考核机制以资金奖惩为主，辅之以其他的责任形式，比如重点生态功能区强制退出机制。该机制可参考国家级森林公园淘汰退出机制。[①] 如果在加大重点生态功能区投入的前提下，再辅之以重点生态功能区县淘汰退出机制，就会对地方政府形成强大的威慑力，这必将极大地促进重点生态功能区建设各项工作的开展。考核体系如图 2－1 所示。

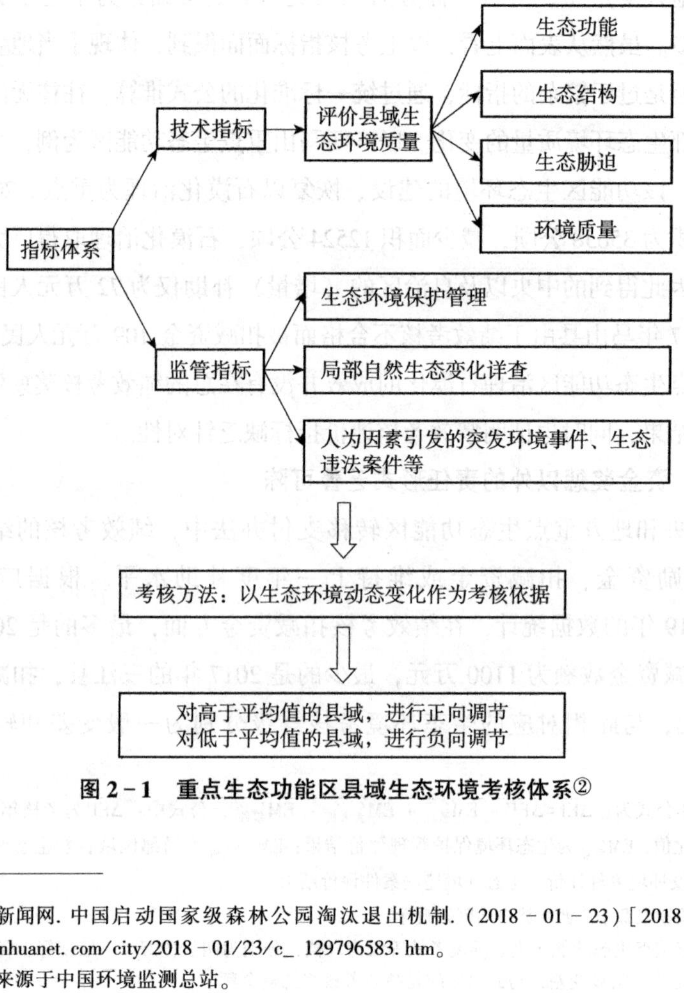

图 2－1　重点生态功能区县域生态环境考核体系[②]

① 中国新闻网. 中国启动国家级森林公园淘汰退出机制.（2018－01－23）[2018－01－23]. http://www.xinhuanet.com/city/2018－01/23/c_129796583.htm。

② 资料来源于中国环境监测总站。

综上，在重点生态功能区转移支付资金分配中，由于生态监管绩效考核奖惩资金辐射的范围小、数额少、绩效评价指标缺乏针对性，奖惩资金并不能引起当地政府对生态环境保护的足够重视，一些地方政府甚至对此抱有“侥幸”心理，这直接影响到生态监管绩效奖惩机制的实施效果。

第三章

西部重点生态功能区转移支付资金使用的规则与困局

本章采用法解释学和田野调查的研究方法，通过对《中央对地方重点生态功能区转移支付办法》和《广西壮族自治区重点生态功能区转移支付办法》的规范分析，以及广西“桂黔滇喀斯特石漠化防治”“南岭山地森林及生物多样性”“水源涵养生态功能区”和“水土保持生态功能区”四种类型国家级重点生态功能区县的实地调研，发现如下问题：有限的转移支付资金没能发挥生态保护的引领示范作用、对“改善民生”的误解导致资金使用效果不明显、县域经济考核指标体系制约转移支付资金使用目标的实现、生态护林员劳务补助资金发放不合理影响生态扶贫效果。

第一节　资金使用的规则

本节主要通过对广西重点生态功能区县资金的主要使用主体及其职责，以及资金在生态工程建设、环境保护、民生保障、生态扶贫等领域使用情况的归纳总结，呈现资金的使用现状。

一、资金的使用主体及职责

由于重点生态功能区转移支付的性质是一般转移支付中的均衡性转移支付，其特点是：不规定转移支付资金的具体用途，由地方政府根据本地区实际情况统筹安排。因此，尽管《广西壮族自治区重点生态功能区转移支付办法》规定“享受转移支付的市县要切实增强生态环境保护意识，将重点生态功能区转移支付用于保护生态环境和改善民生，加大生态扶贫投入”，但是实践中广西 27 个国家重点生态功能区县转移支付资金的使用方式不尽相同，使用主体也不尽一致。笔者通过实地调研，对普遍的、主要的资金使用主体及职责作总结归纳。

（一）生态环境局

国家重点生态功能区县生态环境局在使用这笔特定的转移支付资金的过程中，主要负责组织辖区内环境监测、统计、信息管理工作。环境监测包括环境质量监测和污染源监督性监测，由生态环境局环境监测站或委托社会环境监测机构承担监测任务。环境质量监测、统计、信息管理工作能够及时反映环境质量变化状况，为科学指导环境监督管理工作提供数据支撑，是分析环境质量变化趋势、实现环境质量持续向好和生态系统良性循环目标的基础工作。

（二）自然资源局

2019 年 3 月机构改革后，根据县级机构改革方案和县级机构改革实施意见精神，县级自然资源局承担的两项职责与重点生态功能区转移支付资金的使用有关，分别是：负责建立全县空间规划体系并监督实施；负责统筹全县国土空间生态修复工作。

特别值得一提的是，机构改革后，新组建的自然资源局承担“多规合一”[①] 职责，统一负责原来分散在相关部门的生态保护红线、永久基本农田、城镇开发边界三条控制线划定的管理工作，这是国土空间规划“多规合一”

---

① “多规合一”是指统筹生态、交通、住房、农业、市政、公服、防灾等专项规划，实现全市各类规划在国土空间保护开发上的“合一”。

核心要素、强制性内容，实施国土空间用途管制和生态保护修复，都要严格遵守三条控制线，这对于重点生态功能区转移支付资金的使用具有重要影响。

（三）发改局

重点生态功能区实行产业准入负面清单，是党的十八届五中全会明确的重要任务。重点生态功能区产业准入负面清单是结合四种类型国家重点生态功能区，根据所属类型的发展方向和开发管制原则，在开展资源环境承载能力综合评价的基础上制定的禁止和限制产业目录。负面清单范围要涵盖各地现有的和可能发展的产业，限制类产业清单还要明确具体的限制条件。目前，重点生态功能区县产业准入负面清单的制定和管控工作主要由发改局负责。

（四）林业局

林业局承担的与重点生态功能区建设有关的职责主要是，县级林业部门会同扶贫部门每年应为生态护林员提供不少于 2 次的上岗、业务、安全生产等培训；县级林业部门负责对生态护林员选聘工作的监督与管理工作。

资金的使用主体并不仅仅局限于上述四部门，由于笔者调研的重点生态功能区县使用重点生态功能区转移支付资金的方式、数量各不相同，所涉及的部门也不一样，在此不再一一列举。

二、资金的使用方式

（一）生态工程建设

生态工程建设支出主要用于林农粮差价补贴、城乡社区公共基础设施建设、天然林保护工程建设、退耕还林工程建设、江河湖库水系综合整治、水土保持工程建设、农业资源及生态保护、林业生态保护恢复等项目支出。生态工程建设将生态环境保护与促进经济社会发展有机融合起来，不仅能够修复当地的生态环境，还能够结合当地自然环境的特点发展生态产业、创造就业机会，拉动地方经济增长，走绿色可持续发展道路，实现经济效益、生态效益和社会效益三赢。以下列举实地调研中获得的典型案例，客观详细地呈现重点生态功能区转移支付资金的使用方式。

广西都安瑶族自治县石漠化严重，当地人结合这种特殊的生态环境，摸索出独具特色的生态产业发展之路，重点生态功能区转移支付资金助力生态产业发展的作用主要体现在：支持农业局设置两性花毛葡萄项目奖补资金；支持农业局采购两性花毛葡萄苗木；支持水果局开展毛葡萄病虫害防治研究；支持水果局推广两性花毛葡萄高产栽培技术。都安县下坳镇隆坝村龙磊屯是典型的石山地区，全屯能够耕种的土地不到120亩，人均不足0.6亩。广西大学2014届工商管理专业毕业生蓝钧在毕业后选择回乡创业，他瞄准了家乡的毛葡萄，种植毛葡萄不仅可以避免对土地的翻耕，保护地表，还能够提高植被覆盖率，有利于水土保持，减少水土流失，而且与一般水果葡萄不同，毛葡萄是一种酿酒葡萄，可以加工增值，适合保存，能够延续销售期限，既可以增产也可以增收。在保护现有生态环境的前提下，蓝钧成立了“都安龙磊特色农业发展专业合作社”，购买了两性花毛葡萄苗木，为村民免费提供所学的两性花毛葡萄高产栽培技术指导，在推广毛葡萄种植技术的同时扩大种植面积。在蓝钧的带领下，毛葡萄大获丰收，2018年种植的200亩毛葡萄产量达100多吨，纯收入高达30多万元。平时，村民利用农闲在蓝钧的葡萄园做管护工，一天能有100元收入。毛葡萄种植提供的就业创收机会有助于村民脱贫致富，仅2018年龙磊屯就有20多户建档立卡贫困户成功脱贫。“都安龙磊特色农业发展专业合作社”最终形成了“企业牵头、政府扶持、立足石山、连片种植、价格保障”的运行模式。

2017年3月，都安县拉烈油茶种植示范区项目启动实施，该项目位于拉烈镇加佛村，由于种植油茶采用梯田式的种植模式，尽量避免破坏原有的自然水渠，与自然水渠之间保留十到二十米的空间距离，保证原有水流的走位和流向，能够有效避免塌方和泥石流，有利于水土保持。示范区规划种植油茶1万亩，其中核心区2200亩、拓展区4400亩、辐射区3400亩，惠及福言、加佛、岜旺、拉烈社区等5个村（社区），采取“党旗引领、政府引导、能人带动、农户参与、抱团致富”的方式，由回乡创业青年罗东洋牵头组建的广西都安刁江古镇种植专业合作社负责具体实施。政府实行“先建后补、以奖代助”的方式支持项目建设。通过“合作社牵头、政府扶持、连片种植、兼顾散种、强化示范”的运行模式，都安县拉烈油茶种植示范区项目稳步推进，核心区和拓展区初具规模，截至2019年，核心区落实土地2200亩，种植有1900亩油茶，拓展区落实土地2400亩，种植有1800亩油茶。预计到2020年，示范区将带动全镇8个行政村1585户群众参与开发，其中建档立卡贫困户437户。2018年，拉烈镇党委、政府在万亩油茶核心示范基地内投资建设3000平方米的拉烈镇级中心牛场，养殖规模500头，辐射全镇19个行政村，带动近500户贫困户。拉烈镇级中心牛场采取“一种一养、种养结合、循环发展、绿色发展、助推脱贫”的经营模式，具体内容包括：第一，形成产业集群效应、规模效应、示范效应，将为全镇无条件、无劳动力的136户贫困户代养牛犊183头，贫困户可从中获得收益；第二，油茶基地与中心牛场形成“以养带种、以种促养、种养结合”的绿色循环经济模式，每年中心牛场可向油茶基地提供200吨左右优质有机肥料，既可以大大减少投资成本，又能提升油茶的品质，与此同时，油茶基地是天然牧草场，每年管护割草可为中心牛场提供3批次草料；第三，增加全镇19个村（社区）村级集体经济收入，牛场建设资金来源于财政资金，但投资取得回报享受分红的是全镇19个村（社区）；第四，助力“粮改饲”① 项目推广，牛场正常运行后，将积极带动周边群众参与“粮改饲”项目，形成拉烈镇“粮改饲”聚集区，规模可达500亩，不仅有力支撑“贷牛还牛”② 产业，而且极大促进广大群众增收致富，助推精准脱贫。当前，示范区的辐射效应愈发明显，在全县生态产业发展中起到了很好的引领示范作用。重点生态功能区转移支付资金在支持这一生态产业发展的过程中发挥的主要作用是：支持城投公司给拉烈镇高产油茶示范基地项目贷款贴息；支持林业局支付油茶产业连片种植补助资金；支持国投公司给拉烈镇高产油茶示范基地项目贷款贴息；支持农业局为大都华牛养殖科技示范园申报自治区级现代特色农业（核心）示范区所支付的规划费用；支持国际农发基金给都安农业综合开发与利用项目推广站建设及冷库建设贷款贴息。

（二）环境保护

环境保护支出主要用于环境监测、生态环境节能环保、林业防灾减灾、城

① 粮改饲，是农业部开展的农业改革，主要引导种植全株青贮玉米，同时也因地制宜，在适合种优质牧草的地区推广牧草，将单纯的粮仓变为“粮仓+奶罐+肉库”，将粮食、经济作物的二元结构调整为粮食、经济、饲料作物的三元结构。

② 政府挑选种牛并在企业买入时给予相应补贴，种牛产出小牛后“贷”给贫困户，贫困户无需交钱，只需在把小牛养大后卖给牛场即可，企业扣除牛犊费用后收益归贫困户，还牛后再贷，实现滚动发展、持续增收。形成“政府主导、企业牵头、农户代养”的模式。

乡社区环境卫生、大气和水污染防治、土壤污染防治、排污、农村环境整治，以及环保局、森林公安局、气象局和自然保护区运行经费等项目支出。以都安瑶族自治县为例，环境保护支出详见表3－1。

表3－1　都安县重点生态功能区转移支付环境保护支出项目①

转移支付资金使用主体	转移支付资金使用方式
发改局	节能减排工作；石漠化项目；节能减排项目；巩固退耕还林
环保局	环境监测；环境执法；城市生活饮用水水源地水质监测；乡镇饮用水水源地污染源整治、标志牌设立及检测费；国家重点生态功能区转移支付资金使用效果评估工作经费、改造环境检测实验室；专项环保行动；县域生态仪器监测设备；农村环境连片整治建设经费；澄江河整治办经费；大气污染防治经费
林业局	退耕项目；村级核桃技术员培训班经费；核桃种植项目；村屯绿化；林业有害生物防治
垃圾处理厂	垃圾处理厂运行经费
大兴乡府	澄江河源头保护区围栏建设资金
县城投公司	污水处理贷款项目、垃圾处理厂项目
财政局	“美丽都安”项目
公安局	治理非法小煤窑工作经费
环卫站	洒水车经费；扫路车经费；中转站费用；环卫工人社会保障缴费；环卫节经费；公厕管理维护费；环卫职工高温补助；公务费；
旅游局	旅游发展基金
机关工作事务	公共机构节能工作经费
国土局	地震灾害防治

（三）民生保障

民生保障支出主要用于村级一事一议项目、城乡居民最低生活保障、新型农村合作医疗、城乡居民养老保险、优抚对象优待金、农田水利设施建设、新农村基础设施建设、农村饮水巩固提升工程县级配套资金等项目支出。以都安瑶族自治县为例，民生保障支出详见表3－2。

① 数据来源于都安县2014—2018年重点生态功能区转移支付明细表。

表 3-2 都安县重点生态功能区转移支付民生保障支出项目①

转移支付资金使用主体	转移支付资金使用方式
县农合办	新农合基金县级配套
社会养老保险所	城居保工作经费、城乡居民基本养老保险县级配套补助资金
民政局	农村五保供养经费、农房政策性保险保费、地方自然灾害配套经费、城乡低保工作经费
残联	残疾人就业保障金支出
文体局	村及公共服务中心配套资金
卫生局	增拨基本公共卫生服务项目县级配套资金、基本公共卫生服务项目
组织部	农村基层组织规范化建设经费
政务中心	政务服务中心建设
县城投公司	瑶中拆迁项目建设工程借款、归还瑶中拆迁建设贷款本金、归还瑶中迁建贷款利息
糖业局	蔗区道路建设维修费
住建局	危房改造配套经费、农村危房改造县级配套资金
专户	就业扶贫小额信贷风险补偿金
卫计委	基本公共卫生服务项目
劳动保险所	职工养老保险县级补助

（四）生态扶贫

生态扶贫支出主要用于聘请建档立卡贫困人员为生态护林员的劳务补助资金。以金秀瑶族自治县为例，2017 年，金秀县共聘用生态护林员 734 名，生态护林员劳务补助资金来源于广西财政厅按照《广西壮族自治区财政厅关于下达 2017 年第二批自治区重点生态功能区转移支付资金的通知》（桂财预〔2017〕202 号）拨付给金秀县的 464 万元资金，不够的部分由县级财政统筹安排，共计 153.62 万元。2018 年，金秀县共聘用生态护林员 829 名，生态护林员劳务补助资金 500 万元，资金来源于广西财政厅按照《广西壮族自治区财政厅关于提前下达 2018 年自治区重点生态功能区转移支付资金（第二批）的通知》（桂财预〔2018〕183 号）拨付给金秀县的资金。由于 2019 年之前重点

① 数据来源于都安瑶族自治县 2014—2018 年重点生态功能区转移支付明细表。

生态功能区转移支付资金中的生态护林员劳务补助资金只能专款专用，不能挪作他用，所以购买829名生态护林员的人身意外保险、巡护装备（劳保服装、鞋、背包）及业务培训所需资金共计41.45万元，只能由县级财政列入2019年财政预算予以解决。全年劳务补助标准及资源管护面积参照《广西壮族自治区建档立卡贫困人口生态护林员选聘实施细则》制定，原则上，选聘生态护林员的全年劳务补助标准最高为10000元/员，最低为3000元/员。金秀县2018年的具体标准是：4人以上户（含4人）劳务补助标准为10000元/员，资源管护面积相应不低于1000亩；3人户7500元/员，资源管护面积相应不低于750亩；2人户5000元/员，资源管护面积相应不低于500亩；1人户4000元/员，资源管护面积相应不低于400亩。再以都安县为例，都安县贫困人口较多，贫困深度较深。截至2019年，建档立卡贫困户达33614户136876人。2016—2018年该县分别选聘了1072名、1332名、1687名生态护林员，总管护森林面积达222.34万亩，带动9467名贫困人口脱贫。按照该县党委、政府的工作部署，2019年、2020年度全县计划脱贫人数分别为38035人、30718人，落实森林管护面积244.29万亩。如果顺利完成2019年、2020年度脱贫任务，每年可带动5000名贫困人口脱贫。①

实践证明，建档立卡贫困人口生态护林员劳务补助资金取得了良好的综合效益。生态效益方面，通过聘请生态护林员进行森林资源管护，能及时有效地预防森林火灾、病虫害等灾害现象的发生蔓延和打击破坏森林资源的违法行为，对有效保护好现有森林资源、巩固生态建设成果具有极大的推进作用。经济效益方面，通过聘请建档立卡贫困人口为生态护林员，能有效增加建档立卡贫困户家庭经济收入，实现生态扶贫目标。社会效益方面，森林资源和林业生产的可持续发展能够为当地提供更多的就业机会，建档立卡贫困户通过接受各级各类专业技术培训，生产技能和管理水平得到大幅度提高，能够抓住就业机会，发挥“传、帮、带”作用助力贫困人员脱贫致富，生存环境和生活条件的改善使人们更有获得感，有力促进当地社会持续、健康、快速发展。

---

① 数据来源于都安瑶族自治县林业局实地调研。

第二节　资金使用的困局

财政部、原环境保护部为了规范国家重点生态功能区转移支付资金的监管、提高资金的使用绩效，联合制定了《国家重点生态功能区县域生态环境质量考核办法》，并于2012年起实施，由相关部门对限制开发的国家重点生态功能区所属县进行生态环境监测与评估，评估结果可分为“变好”“基本稳定”和“变差”三个等级，其中“变好”和“变差”又可以进一步细分为“轻微”“一般”和“明显”三类，从而形成了三等七类的考核标准，最后由财政部根据评估结果采取相应的奖惩措施。对于考核评价结果优秀、生态环境明显改善、严格实行产业准入负面清单的市县，适当增加转移支付；对非因不可控因素而导致生态环境恶化、发生重大环境污染事件、主要污染物排放超标、实行产业准入负面清单不力的地区，根据实际情况对转移支付资金予以扣减。根据这套生态监管绩效奖惩机制，2016年之前，广西总共16个国家级重点生态功能区县，只有三江侗族自治县和资源县两个县在生态质量考核中获得奖励，[①] 所占比例只有12.5%。2016—2018年国家重点生态功能区县域生态环境质量考核中，广西生态环境质量被评为“变好”和“变差”的比例较小，均呈下降趋势，被评为“变好”的县份的比例更是大幅度下降，直接从2016年的31.25%下降为2018年的3.70%，而生态环境质量被评为“基本稳定”的比例则呈上升趋势，从2016年的62.5%上升为2018年的92.59%，“变差”县份的比例从2016年的6.25%下降为2018年的3.70%。这组数据表明，重点生态功能区转移支付资金的使用效果差强人意。笔者调研了广西部分国家级重点生态功能区县，并尝试对这笔资金在使用过程中存在的问题及原因进行归纳总结。

---

① 参见《财政部关于下达2016年中央对地方重点生态功能区转移支付资金的通知》（财预〔2016〕118号）附件3《2016年重点生态功能区转移支付奖惩名单》。

一、有限的转移支付资金没能充分发挥生态保护的引领示范作用

广西重点生态功能区转移支付资金有限。广西于2009年首次纳入国家重点生态功能区转移支付范围。根据《广西财政年鉴》以及中国财政部网站相关数据显示，截至2016年，广西全区共有67个市县享受重点生态功能区转移支付资金补助，其中国家重点补助地区27个，占全区补助范围的40%。2009—2018年，中央给予广西壮族自治区重点生态功能区的补助为155.4亿元①，与其他民族地区相比，补助数额偏低。以2018年为例，根据2018年中央对地方重点生态功能区转移支付情况图的相关数据显示，广西2018年获得的重点生态功能区转移支付资金为22.82亿元，仅占全国的3.2%（详见图3-1）。广西27个国家级重点生态功能区县当中有21个县是国家级贫困县，有的还是极度贫困县，这些重点生态功能区大部分位于地理情况复杂的偏远山区，地理环境险恶、基础设施落后、社会发展程度低，无论是经济发展还是环境保护，都比平原地区付出的成本更高。以极度贫困的都安瑶族自治县为例，都安地处云贵高原向广西盆地过渡的斜坡上，是典型的石漠化地区，境内洼地密布，石山连绵，素有“九分石头一分土”之称，与平原地区相比，都安石漠化治理建设项目路程远、运输成本高、水电难以保障、人工和土地成本也很高，应当获得更多的转移支付补助资金。由此可见，现有的重点生态功能区转移支付资金在广西还没能发挥生态恢复和环境保护的引领示范作用，不利于广西区位优势的发挥。

在资金有限的情况下，重点生态功能区转移支付资金应当发挥“四两拨千斤”的引导示范作用，优先支持那些既能修复和改善当地生态环境，又能促进生态产业发展、创造就业机会、拉动地方经济增长的绿色可持续发展项目，实现经济效益、生态效益和社会效益三赢。然而笔者调研发现，重点生态功能区转移支付资金在那些极具潜力的绿色可持续发展项目上的投入占比很小，这些项目要想发展壮大还得依靠专项资金的大力支持。例如：2018年都安县获得重点生态功能区转移支付补助资金12094万元，其中对两性花毛葡萄

① 参考《广西财政年鉴》（2012—2017年）。

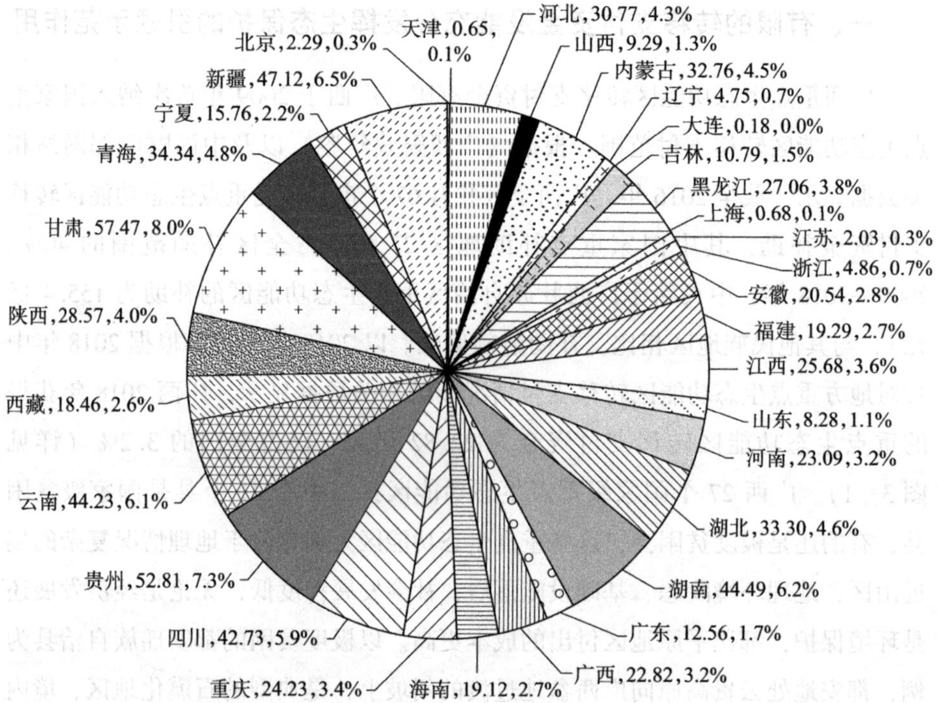

图 3-1 2018 年中央对地方重点生态功能区转移支付情况（单位：亿元）

种植项目的投入分别是，支持农业局设置两性花毛葡萄项目奖补资金 1859480 元，占补助资金总额的 1.5%；支持农业局采购两性花毛葡萄苗木 467600 元，占补助资金总额的 0.4%；支持水果局开展毛葡萄病虫害防治研究 30000 元，占补助资金总额的 0.02%；支持水果局推广两性花毛葡萄高产栽培技术 20000 元，占补助资金总额的 0.016%。又如：对都安县拉烈油茶种植示范区项目和拉烈镇级中心牛场项目的投入分别是，支持城投公司给拉烈镇高产油茶示范基地项目贷款贴息 114063 元，占补助资金总额的 0.09%；支持林业局支付油茶产业连片种植补助资金 1948140 元，占补助资金总额的 1.6%；支持国投公司给拉烈镇高产油茶示范基地项目贷款贴息 57187.5 元，占补助资金总额的 0.05%；支持农业局为大都华牛生态养殖科技示范园申报自治区级现代特色农业（核心）示范区所支付的规划费用 400000 元，占补助资金总额的 0.3%；支持国际农发基金给都安农业综合开发与利用项目推广站建设及冷库建设贷款贴息 1571430.53 元，占补助资金总额的 1.3%。再如：金秀瑶族自治县作为国家重点生态功能区县，不能发展高耗能高污染的产业，需要因地制宜发展林下经济。[①] 金秀的林下经济主要以在林下种植中草药和油茶为主，林下经济具有投入少、见效快的优点，既维护了生态环境又能带来可观的经济收入，特别需要重点生态功能区转移支付资金大力扶持、充分发挥引导示范的作用，然而在金秀重点生态功能区转移支付资金使用明细中却并没有这一项。

二、对“改善民生”的误解导致资金使用效果不佳

资金在使用的过程中普遍存在“改善民生”与“保护生态环境”冲突的问题。在广西 27 个国家级重点生态功能区县中，国家级贫困县高达 21 个。从调研的情况来看，每年国家下拨重点生态功能区转移支付资金总额并不多，产业准入负面清单的严格执行给本来就紧张的贫困地区地方财政雪上加霜。虽然《广西壮族自治区重点生态功能区转移支付办法》第六条关于“资金使用”的规定将重点生态功能区转移支付资金的使用范围界定为“保护生态环境和改善民生，加大生态扶贫投入”，但并未对三项支出规定具体比例，因而各地在具体实施的过程中每年用于生态建设的比例都会根据财政情况而有所变化。以龙胜各族自治县为例，2010 年国家重点生态功能区转移支付资金用于生态建设的比例只有 10%，之后该比例逐年增高，2015 年达最高值 60%，2016 年又回落到 49%。三江侗族自治县 2014—2015 年国家重点生态功能区转移支付资金将近一半用于“安排教育经费投入”。每个县国家重点生态功能区转移支付资金的支出科目五花八门、各不相同，越贫困的地区，重点生态功能区转移支付资金中用于民生保障的比例越高，国家级贫困县政府更是把民生保障放在第一位，重点确保医疗、教育、三农支出。重点生态功能区转移支付资金在使用的过程中普遍存在“改善民生”与“保护生态环境”冲突的问题，投入生态环境保护的资金难以得到保障，资金使用的目标也就难以有效实现。

重点生态功能区财政转移支付资金使用的绩效考核以“生态环境改善”

---

① 林下经济是指以林地资源和森林生态环境为依托，发展起来的林下种植业、养殖业、采集业和森林旅游业，既包括林下产业，也包括林中产业、林上产业。

为标准。2019 年 5 月印发的最新《广西壮族自治区重点生态功能区转移支付办法》第四条“生态监管绩效奖惩资金分配方法”规定：绩效奖惩对象为国家重点生态功能区。根据自治区发展改革委、生态环境厅的综合评价结果采取相应的奖惩措施。对考核评价结果优秀、生态环境明显改善、严格实行产业准入负面清单的市县，适当增加转移支付。对非因不可控因素而导致生态环境恶化、发生重大环境污染事件、实行产业准入负面清单不力的地区，根据实际情况对转移支付资金予以扣减。根据原环境保护部、财政部联合制定的《国家重点生态功能区县域生态环境质量考核办法》第三条和第五条的规定，国家重点生态功能区县域生态环境质量考核坚持保护为主、逐步改善的原则，以引导加强生态环境保护和生态建设为目标，考核的内容包括县域环境状况和自然生态状况。可见，重点生态功能区财政转移支付资金使用的绩效考核标准主要围绕“生态环境改善”展开。既然如此，那么资金在用于“改善民生”的领域时要牢牢把握“是否有利于保护和改善生态环境”这根主线，让“改善民生”与“保护和改善生态环境”形成良性互动而不是相互冲突。

三、县域经济考核指标体系制约转移支付资金使用目标的实现

根据 2017 年 7 月广西壮族自治区党委办公厅和自治区人民政府办公厅印发的《关于加强县域经济发展分类考核的意见》的规定，重点生态功能区各项指标的权数如下：“经济发展与结构优化”权数为 16，其中“地区生产总值及增速”“税收收入及增速”指标设置为 0；“农业及示范区建设”权数为 18；“工业及产业园区发展”权数为 10；“服务业及特色旅游发展”权数为 29；“城乡发展”权数为 10；“生态建设与环境保护”权数为 17，具体包括污水垃圾处理、环境空气和水质量、万元地区生产总值能耗和森林覆盖率四项具体指标。

中央财政设立重点生态功能区转移支付资金的目的就是为维护国家生态安全，推进生态文明建设，推动高质量发展，引导地方政府加强生态环境保护，提高国家重点生态功能区等生态功能重要地区所在地政府的基本公共服务保障能力，促进县域经济社会可持续发展，其资金使用的绩效考核指标体系也主要围绕着“生态环境的好坏”设计。然而，作为均衡性转移支付，地方政府在使用重点生态功能区转移支付资金的过程中要充分兼顾县域经济考核指标体

系，因为县域经济考核的结果既是评价县级领导班子和干部的重要依据，又是“广西科学发展先进县（城区）、进步县（城区）”评比表彰的重要依据，获奖的县（市、区）在绩效考评、干部年度考核、项目建设、土地指标、资金安排、招商引资、干部使用、干部培训等方面都能获得奖励。

从上面的分析和实地调研的结果可以看出，针对重点生态功能区的县域经济考核指标并不局限于“生态建设与环境保护”，也没能与重点生态功能区资金使用的绩效考核指标体系较好衔接，势必会制约转移支付资金使用目标的实现。

四、生态护林员劳务补助资金发放不合理影响生态扶贫效果

重点生态功能区转移支付资金用于生态扶贫的主要体现是生态护林员劳务补助资金的发放，然而，实践中这笔资金发放存在标准不明确、不合理的现象。《中央对地方重点生态功能区转移支付办法》第八条规定，生态护林员补助对象为选聘建档立卡人员为生态护林员的地区。中央财政根据森林管护和脱贫攻坚需要，以及地方选聘建档立卡人员为生态护林员情况，安排生态护林员补助。《广西壮族自治区重点生态功能区转移支付办法》关于生态护林员补助分配办法规定，补助范围为重点生态功能区转移支付补助县以及滇桂黔石漠化片区县和国家扶贫开发工作重点县中选聘建档立卡贫困人口为生态公益岗位的地区。根据自治区林业部门核定的各市、县当年选聘建档立卡贫困人口为生态护林员人数计划，以及国家林业和草原局、财政部、国家扶贫办明确的每个生态护林员劳务补助测算标准确定补助额。这两个办法并未明确生态护林员的选聘工作及劳务补助资金的具体发放标准，于是，2018 年 11 月由广西壮族自治区林业厅、财政厅、扶贫开发办公室印发的《广西壮族自治区建档立卡贫困人口生态护林员选聘实施细则》（以下简称《实施细则》）就成为地方政府选聘建档立卡贫困人口为生态护林员的具体依据，在具体实施的过程中存在以下两个突出的问题。

其一，生态护林员全年劳务补助标准发放的公平性问题。《实施细则》第 21 条关于选聘生态护林员全年劳务补助标准确定为最高 10000 元/员，最低为 3000 元/员，各相关县根据当地实际情况，统筹考虑生态护林员管护区森林资

源情况、管护难易程度、现有护林员工资水平以及贫困户户籍人口等因素，合理确定生态护林员的管护面积、管护强度和劳务补助标准。具体要求为，4 人以上户（含 4 人）劳务补助标准为 10000 元/员，资源管护面积相应不低于 1000 亩；3 人户劳务补助标准为 7500 元/员，资源管护面积相应不低于 750 亩；2 人户劳务补助标准为 5000 元/员，资源管护面积相应不低于 500 亩；但 1 人户劳务补助标准不得低于 3000 元/员，资源管护面积相应不低于 400 亩；森林资源管护面积、每月巡护次数、每次巡护工时随劳务补助标准下调而相应调减，具体面积、次数、工时由各县根据管护难度等现实因素合理确定，原则上各县人（员）均管护面积不能低于 500 亩。生态护林员劳务补助标准以户为单位，将每户人数作为考量的标准，旨在辐射更多的贫困人口，以此提高贫困家庭的基本收入，助力人口较多的贫困家庭早日脱贫。地方政府在选聘生态护林员时，农村贫困户 4 人以上户（含 4 人）的基数大，而且 4 人户的劳务标准为最高，符合标准的贫困户毫无疑问会申报最高的劳务补助。如果将符合标准的所有 4 人户都聘为护林员，劳务补助资金的缺口就很大，地方政府每年确定的聘用护林员的名额总数就不够用。在这种情况下，相关部门只能为 4 人户的名额设限，超出名额上限，即使符合申请标准的 4 人户也只能申请 3 人户或者 2 人户的补助标准，由此产生连锁反应，同时也挤压了符合申请标准的 3 人户、2 人户等贫困户的名额。同等申请条件下产生的待遇差别，使护林员选聘工作的公平性受到质疑，影响生态扶贫的效果。

其二，生态护林员资金专款专用的问题。实践中，生态护林员资金要求专款专用，严禁截留、挤占、挪用等违规使用资金，还需要地方财政提供配套资金，但中央和广西的《重点生态功能区转移支付办法》中对此并未明确规定。鉴于广西 27 个国家级重点生态功能区县当中有 21 个县是国家级贫困县，有的还是极度贫困县，是典型的补助财政和吃饭财政，地方财政配套资金加大了县财政的压力，一些地方根本无力承担。例如：2017 年自治区财政下达至金秀县生态护林员劳务补助资金 464 万元，县级财政统筹安排 153.32 万元，但 2018 年金秀县就无力进行配套，2018 年县里购买 829 名生态护林员的人身意外保险、巡护装备（劳保服装、鞋、背包）及业务培训费共计 41.45 万元，由县级财政列入 2019 年财政预算予以解决。虽然《实施细则》第 6 条规定，自治区财政下达的生态护林员补助资金只能用于生态护林员的劳务补助报酬发放和部分简易装备购置、人身意外伤害保险支出，不能用于其他用途，确保专款专用。各县可从自治区财政下达的生态护林员补助资金中安排不超过5%的资金用于部分简易装备购置、人身意外伤害保险支出。但囿于上位法法律依据的缺失及生态护林员劳务补助资金专款专用的要求，地方政府害怕触碰“专款专用”的红线、承担违规的风险，不敢从补助资金中安排购买简易装置和人身意外伤害保险的资金。如果地方财政不能提供配套资金，那么生态护林员的人身意外保险、巡护装备（劳保服装、鞋、背包）及业务培训费就没有着落。

第四章

西部重点生态功能区转移支付资金监管的规范与难题

重点生态功能区转移支付是解决生态环境保护成本与生态效益区域错配问题，引导地方政府加强生态环境保护力度，提高国家重点生态功能区所在地地方政府基本公共服务保障能力，维护国家生态安全的重要措施。这笔资金重点用于生态环境保护和涉及民生的基本公共服务领域。对资金运行进行有效监督管理并对资金使用效益进行科学评估是督促相关职能部门正确履行职责、提升资金使用效果、提高重点生态功能区县政府生态环境保护积极性的重要保障。对进一步明晰产业发展重心、提升生态环境质量、将重点生态功能区建设成为生态环境保护的重要屏障意义深远。

第一节　资金监管的规范

《中华人民共和国预算法》第九章用一整章规定了预算监督的内容，重点生态功能区转移支付资金属于预算资金，资金的拨付、分配、使用、绩效评价全过程都应受《预算法》约束。2019年财政部印发的《中央对地方重点生态功能区转移支付办法》第10条规定了对重点生态县域绩效考核的监督方式，绩效考核的标准有四项：生态环境质量的好坏、是否发生重大环境污染事件、实行产业准入负面清单是否得力以及生态扶贫工作的成效。绩效考核奖惩方式是对考核评价结果优秀的地区给予增加转移支付资金的奖励，对考核评价结果不合格的地区根据实际情况对转移支付资金予以扣减。2019年广西财政厅印发的《广西壮族自治区重点生态功能区转移支付办法》第7条对资金监督问责做了规定，监督问责的对象是各级财政部门及其工作人员、资金使用部门和个人；监督问责的内容是在资金分配、下达和管理各个环节的行为是否违法违纪；监督问责的依据是《中华人民共和国预算法》《中华人民共和国监察法》《中华人民共和国公务员法》以及《财政违法行为处罚处分条例》。2016年广西区政府办公厅印发的《广西重点生态功能区监管制度工作方案（试行）》也规定了以环境质量监测评估制度、生态环境质量综合评估制度以及产业准入负面清单制度为主要内容的监管制度，并规定评估结果与重点生态功能区转移支付资金分配挂钩，纳入自治区对市县两级年度绩效考评范畴，并根据《广西市县党政领导班子和党政正职政绩考核评价实施办法（试行）》的相关要求，作为市县年度绩效考评和政绩考核的重要依据。

由于预算监督、司法监督和审计监督是传统的监督方式，本节主要以中央和广西《重点生态功能区转移支付办法》为依据，介绍监管主体和职责、资金使用效果的主要监管环节和内容。

一、监管主体和职责

《广西重点生态功能区监管制度工作方案（试行）》规定了环境质量监测、生态环境质量综合评估、产业准入负面清单、财政转移支付和绩效考核5项监管制度，分别由生态环境厅、自治区发展改革委、财政厅、自治区绩效办和纳入监管范围的30个县（市）人民政府各司其职贯彻落实。由自治区发展改革委、财政厅、生态环境厅、绩效办等部门组成的工作协调小组，负责建立健全和组织实施重点生态功能区监管制度，协调小组办公室设在自治区发展改革委。纳入监管范围的30个县（市）也要成立相应工作机构，明确专人负责，抓好各项工作的具体落实。在监管工作中既要发挥部门联动作用、强化相互衔接，又要建立统筹协调机制、发挥综合协调作用。各监管机构具体监管职责分工如下。

（一）自治区发展和改革委会

自治区发展改革委会同相关部门建立健全重点生态功能区监管制度方案，制定并组织实施重点生态功能区产业准入负面清单制度，制定产业准入负面清单实施检查评估办法并牵头组织，联合生态环境厅开展以产业准入负面清单实施、环境质量监测等检查评估结果为基础，统筹考虑多种相关因素的生态环境质量综合评估，并制定和组织实施综合评估办法。其中，建立产业准入负面清单制度包括：按照《国家发展改革委关于印发〈重点生态功能区产业准入负面清单编制实施办法〉的通知》（发改规划〔2016〕2205 号）要求，在监管范围的 30 个县（市），因地制宜制定限制和禁止发展的产业准入目录。在国家现行《产业结构调整指导目录》基础上进一步深化细化，按照资源要素禀赋、主体功能定位、产业比较优势等要求，提出符合本地实际的限制和禁止产业类型。2017 年，纳入监管范围的 30 个县（市）已经建立产业准入负面清单目录。

（二）生态环境厅

生态环境厅负责制定并组织实施重点生态功能区环境质量监测评估制度。具体工作包括：依据《国家重点生态功能区县域生态环境质量监测评价与考核指标体系》《国家重点生态功能区县域生态环境质量考核办法》等相关要求，对纳入监管范围的 30 个县（市）开展环境质量监测评估，形成年度环境质量监测评估报告，牵头制定环境质量监测评估办法，与自治区发展改革委联合开展生态环境质量综合评估。

（三）财政厅

财政厅负责优化完善自治区《重点生态功能区转移支付办法》，建立与产业负面清单实施、环境质量监测等相配套的奖惩机制。具体工作包括：根据监管范围的 30 个县（市）年度生态环境质量综合评估报告，优化自治区重点生态功能区财政转移的办法，实施相应的奖惩机制。对产业准入负面清单实施效果好、生态环境质量稳步提升的县（市），通过增加其获得的财政转移支付资金作为奖励；对产业准入负面清单实施不力、生态环境质量下降的县（市），通过扣减其财政转移支付资金作为惩罚。

（四）自治区绩效办

自治区绩效办负责完善重点生态功能区绩效考评制度。将监管范围的30个县（市）年度生态环境质量综合评估结果，纳入自治区对市县两级年度绩效考评范畴，并根据《广西市县党政领导班子和党政正职政绩考核评价实施办法（试行）》的相关要求，作为市县年度绩效考评和政绩考核的重要依据。

（五）纳入监管范围的30个县（市）人民政府

纳入监管范围的30个县（市）人民政府配合制定各项监管制度，负责具体实施产业准入负面清单制度，采取各种措施加大生态环境保护力度，确保生态环境质量持续提升。

广西已于2016年年底建立完善重点生态功能区监管各项制度，从2017年开始每年组织实施，包括部署开展产业准入负面清单实施监督检查、环境质量监测评估、生态环境质量综合评估等工作。需要说明的是，在2018年3月启动的新一轮国家机构改革中，自然资源部、生态环境部都整合了多项原属其他部委的职能，如重点功能区产业准入负面清单制定与落实、生态保护红线的划定在机构改革后都由自然资源部门负责，林业部门原本独立行使职权，在机构改革后归属自然资源部门，等等。由此可见，机构改革后，自然资源相关主管部门也成为重点生态功能区转移支付资金的重要监管主体，主要承担重点功能区产业准入负面清单制定与落实工作。林业主管部门负责核定选聘建档立卡贫困人口为生态护林员人数以及劳务补助测算标准，确保补助额的准确性，负责组织、协调、指导、监督生态护林员选聘与管理工作，也属于生态转移支付资金的监管主体。

此外，重点生态功能区转移支付资金属于预算资金，资金的拨付、分配、使用、绩效评价全过程都应受2018年新《预算法》约束。新《预算法》规定的监督主体包括县级以上地方各级人民代表大会及其常务委员会、乡（民族乡）镇人民代表大会、各级政府及其财政部门、县级以上政府审计部门、政府各部门，以及公民、法人或者其他组织；监督内容分别是预算的编制、执行和决算；监督的方式包括要求被监督主体定期向行使监督职权的主体报告预算执行情况、审计、向社会公开预算执行和其他财政收支的审计工作报告、依法纠正违反预算的行为、检举、控告等。

二、资金使用效果的主要监管环节和内容

除了按照《预算法》的要求对转移支付资金进行监管以外，广西重点生态功能区转移支付资金的主要监管方式是绩效考评，主要依据是2019年财政部制定的《中央对地方重点生态功能区转移支付办法》，其中第10条规定重点生态功能区县域转移支付资金使用绩效考评的主要内容包括：生态环境质量的好坏、是否发生重大环境污染事件、实行产业准入负面清单是否得力以及生态扶贫工作的成效。其中，"生态环境质量的好坏"和"是否发生重大环境污染事件"主要通过县域生态环境质量监测的结果来评价与考核。

（一）县域生态环境质量监测的评价与考核

为贯彻落实《环境保护法》《关于加快推进生态文明建设的意见》《生态环境监测网络建设方案》，"十三五"国家重点生态功能区县域生态环境质量监测、评价与考核工作突出以生态环境质量改善为核心，坚持科学监测、综合评价、测管协同原则，为国家重点生态功能区财政转移支付提供科学依据，为国家生态文明建设成效考核提供技术支持，原环保部联合财政部于2017年2月发布了《国家重点生态功能区县域生态环境质量监测评价与考核现场核查指南》《国家重点生态功能区县域生态环境质量监测评价与考核实施细则（试行）》，对县域生态环境质量监测评价与考核工作作了具体布置。重点生态县域必须结合各县的实际情况制定本县的《国家重点生态功能区县域生态环境质量监测评价与考核工作实施方案》，并成立重点生态功能区县域生态环境质量考核工作领导小组，着重从以下几个方面加强监测监督。

1. 落实生态环境保护责任

县级党委、政府建立生态环境保护"党政同责、一岗双责"机制。按照国家生态文明建设制度体系，落实国家主体功能区规划，加强国家重点生态功能区建设，建立相应的环境保护工作机制和规章制度，实行环境保护目标责任制，明确相关部门的环保责任，不断改善县域生态环境质量。加强县域考核工作组织和领导，建立县域考核工作长效机制。

2. 提高生态保护成效

（1）生态保护工程。为提升县域生态系统功能及生态产品供给能力，县级政府实施的生态系统保护与恢复工程，诸如防护林建设、退耕还林、退牧还草、湿地恢复与治理、水土流失治理、石漠化治理和矿山生态修复等能够改善县域整体生态质量的工程。

（2）生态保护创建。县级政府在生态保护方面取得的成效，包括创建生态文明示范区、环保模范城市、国家公园等。建立国家级（省级）自然保护区、森林公园、湿地公园等各类受保护区；划定生态保护红线，制定管控措施，对重要生态区域进行严格保护和管理。

3. 加强环境保护及治理

（1）环境基础设施建设与运行。县域环境空气自动监测站建设、运行维护及联网状况；县域城镇生活污水集中处理设施、生活垃圾处理设施建设运行及监管、污水管网建设情况等。

（2）环境质量监测规范性。调研县域环境质量监测组织模式是否适应国家环境监测体制机制改革要求。核查县域水、空气、土等环境质量监测项目、频次规范性，以及采样、分析等监测过程规范性，实地核查地表水断面、集中式饮用水源地等。

（3）重点污染源监管。调研“十小”污染企业取缔与重点行业治污减排情况，抽查一定数量重点污染源企业，检查污染源达标排放情况、环保在线监控设施安装与运行、企业自行监测及信息公开、环境监察等。对照年度主要污染物减排任务，抽查部分污染减排重点项目、重点工程完成情况及效果。

4. 加大生态环保投入与优化产业结构

核查县域在生态保护与修复、环境污染治理、资源保护方面的投入，核算生态环境保护与治理支出占全县财政支出的比例。调研县域转移支付额度及用途。核查县域产业准入负面清单的制定和落实情况，推动产业结构优化调整。

5. 及时处理县域突发环境案件

及时掌握县域突发环境事件、生态破坏案件处理情况，以及“12369”环保热线群众举报的环保问题处理及整改情况。为加强监测监督提供数据支撑。

（二）产业准入负面清单执行情况的监督

建立健全国家重点生态功能区产业准入负面清单制度，能够促使高排放、高污染、高耗能的企业关停并转，助推县域经济转型升级，是实施主体功能区战略的重要举措，对于引导和约束重点生态功能区产业发展，增强生态服务功能，保障国家生态安全，推进生态文明建设意义深远。

根据国家发展改革委《关于建立国家重点生态功能区产业准入负面清单制度的通知》（发改规划〔2015〕1760号）要求，广西壮族自治区结合各县实际，由自治区发展改革委牵头于2016年8月制定形成了《广西16个国家重点生态功能区县产业准入负面清单（试行）》，2017年12月又印发了《广西第二批重点生态功能区县产业准入负面清单（试行）》，明确管控主体、强调管控重点、提出管控要求。

重点生态县域都会结合各县的实际情况以及所属的重点生态功能区类型，制定本县的《国家重点生态功能区产业准入负面清单》及其相应的具体工作方案，并通过政府官网公布于众，提高民众知晓率。为做好国家重点生态功能区产业准入负面清单实施工作，争取到更多的转移支付资金支持县域重点生态功能区建设，各县纷纷成立产业准入负面清单工作协调小组，办公室设在县发改局。协调小组的主要职责是根据产业负面清单，负责审议各项产业发展规划及产业发展年度计划，协调解决工作推进过程中遇到的困难和问题，向县人民政府报告重大事项，根据工作需要定期或不定期召开会议，研究部署本年度总体工作安排。此外，对禁止类产业和限制类产业分别安排责任单位，如金秀瑶族自治县对禁止类产业安排的责任单位包括县发改局、经贸局、住建局、国土局、环保局。限制类产业安排的责任单位包括县发改局、经贸局、住建局、国土局、环保局、水利局、林业局、农业局、水产畜牧兽医局。

（三）生态扶贫工作的监督

利用重点生态功能区县域转移支付资金，选聘建档立卡贫困人口担任生态护林员，是一种典型的生态扶贫方式，也是贯彻落实中央“利用生态补偿和生态保护工程资金使当地有劳动能力的部分贫困人口转为护林员等生态保护人员”要求以及习近平总书记提出的实现“生态补偿脱贫一批”任务目标的重要体现。国家林业和草原局、财政部、国务院扶贫办2018年联合发布的《建档立卡贫困人口生态护林员管理办法》第2条规定，本办法所称生态护林员是指在建档立卡贫困人口范围内，由中央财政安排补助资金支持购买劳务，受聘参加森林、湿地、沙化土地等资源管护服务的人员。可见，充分发挥重点生态功能区县域转移支付资金的作用，既能实现森林资源有效管护，又能通过支付劳务补助帮助贫困人口精准脱贫，对这笔资金生态扶贫成效的评估应当从生态效果和扶贫效果两方面展开。

广西为规范建档立卡贫困人口生态护林员选聘、续聘工作，依据国家林业和草原局、财政部、国务院扶贫办联合印发的《关于开展2018年度建档立卡贫困人口生态护林员选聘工作的通知》（办规字〔2018〕130号）和其他有关规定，结合广西实际，由自治区林业厅、财政厅和扶贫开发办公室联合制定了《广西壮族自治区建档立卡贫困人口生态护林员选聘实施细则》，明确当前生态扶贫工作的监管体制为：自治区林业厅会同自治区财政厅、扶贫办组织、协调、指导、监督生态护林员选聘与管理工作；设区市林业、财政、扶贫部门负责对各相关县选聘工作进行统筹协调、督促检查、审核和综合汇总工作，并根据自治区安排实施抽查复核，市级扶贫部门负责相关负责人身份核实；各相关县人民政府对选聘工作的真实有效性负总责；乡镇政府遵循“县建、乡管、村用”的原则负责组织生态护林员的遴选。

第二节　资金监管的难题

本节重点归纳总结资金监管过程中面临的预算监督乏力、资金监管效率低、产业负面清单制度执行不力、监管缺乏威慑力等问题，究其原因是预算监管体制不合理、监管主体多元化、职责分散；产业负面清单制度的执行影响当地经济的发展；奖惩不分明、法律责任过轻。

一、预算监管体制不合理导致预算监督乏力

《中华人民共和国预算法》（以下简称《预算法》）第十三条明确规定："各级政府、各部门、各单位的支出必须以经批准的预算为依据，未列入预算的不得支出。"转移支付作为预算支出的重要形式，属于预算法规制的财政行为的范畴。《预算法》对转移支付做出了一系列规定，其中与重点生态功能区转移支付有关的内容如下：其一，关于财政转移支付的原则、目标、种类和一般性转移支付的规定①；其二，关于转移支付预算编制的规定②；其三，关于转移支付预算批准下达程序的规定③；其四，关于接受社会监督的规定④。

我国重点生态功能区转移支付资金分配客观因素的确定和测算不合理、在使用的过程中对"如何处理保护生态环境和改善民生的关系"理解不到位、产业准入负面清单制度执行不连贯、生态监管绩效奖惩不力等问题的出现，与各级人大预算监管乏力不无关系。

二、监管主体多元、职责分散导致监管效率低下

（一）自治区一级监管主体及职责

2019年5月28日广西壮族自治区财政厅印发的《广西壮族自治区重点生

---

① 《预算法》第十六条规定，国家实行财政转移支付制度。财政转移支付应当规范、公平、公开，以推进地区间基本公共服务均等化为主要目标。财政转移支付包括中央对地方的转移支付和地方上级政府对下级政府的转移支付，以为均衡地区间基本财力、由下级政府统筹安排使用的一般性转移支付为主体。

② 《预算法》第三十八条规定，一般性转移支付应当按照国务院规定的基本标准和计算方法编制。专项转移支付应当分地区、分项目编制。县级以上各级政府应当将对下级政府的转移支付预计数提前下达下级政府。地方各级政府应当将上级政府提前下达的转移支付预计数编入本级预算。

③ 《预算法》第五十二条规定，中央对地方的一般性转移支付应当在全国人民代表大会批准预算后30日内正式下达；省、自治区、直辖市政府接到中央一般性转移支付和专项转移支付后，应当在30日内正式下达到本行政区域县级以上各级政府；县级以上地方各级预算安排对下级政府的一般性转移支付和专项转移支付，应当分别在本级人民代表大会批准预算后的30日和60日内正式下达；县级以上各级政府财政部门应当将批复本级各部门的预算和批复下级政府的转移支付预算，抄送本级人民代表大会财政经济委员会、有关专门委员会和常务委员会有关工作机构。

④ 《预算法》第十四条规定，本级政府财政部门应当在本级人民代表大会或者本级人民代表大会常务委员会批准预算、预算调整、决算、预算执行情况的报告及报表后20日内，将本级政府财政转移支付安排、执行的情况以及举借债务的情况等重要事项向社会公开并作出说明。

态功能区转移支付办法》并未明确广西重点生态功能区转移支付资金的监管主体，但按照2016年12月印发的《广西重点生态功能区监管制度工作方案（试行）》的规定，自治区发展改革委、生态环境厅、财政厅、自治区绩效办和纳入监管范围的30个县（市）人民政府承担主要的监管职责。自治区成立由发展改革委、财政厅、生态环境厅、绩效办等部门组成的工作协调小组，协调小组办公室设在自治区发展改革委。此外，2018年3月新一轮国家机构改革后，自然资源相关主管部门也成为重点生态功能区转移支付资金的重要监管主体，主要承担重点功能区产业准入负面清单制定与落实工作。利用生态转移支付资金发放生态护林员劳务补助的监管工作则由林业主管部门负责。

（二）县一级监管主体及职责

在基层重点生态县域，监管的主体更加多元，职责更加分散。从2018年《金秀瑶族自治县生态环境保护工作情况的说明》可见一斑。文件规定，县人民政府重视生态环境建设工作，明确政府各部门职责分工、工作经费、环境监测任务等，同时成立自治县国家重点生态功能区县域生态环境质量考核工作领导小组，由县长担任组长、副县长担任副组长，负责考核组织协调工作。

各职能部门具体监管工作分工如下：县政府办公室负责组织协调各有关部门开展自查工作，督促有关部门报送数据及证明材料，落实具体整改措施，将自查报告报送县人民政府审核。县财政局负责考核工作的指导，落实县生态环境质量监测和考核工作经费；提供年度国家重点生态功能区财政转移支付额度和主要用途，编制财政转移支付资金使用情况报告，对重点生态建设项目或工程投入、生态环境保护投入、生态环境监管投入等分别加以说明，会同县生态环境局做好配合国家和自治区现场核查工作。县生态环境局负责县考核工作组织实施；开展县域内生态环境质量的日常监测工作；整理汇总和审核相关部门报送的数据材料；编写县自查报告及报送自治区环保厅审核；会同县财政局做好配合国家和自治区现场核查工作。县发展和改革局提供县国家级重点生态功能区产业准入负面清单。县自然资源局负责提供县域国土面积，统计和提供未利用地面积，负责说明未利用地年度变化及原因。县农业局负责统计和提供耕地面积，计算坡度大于15度耕地面积比；负责说明耕地用地年度变化及原因；负责统计和提供草地面积，计算草地覆盖率，负责说明草地年度变化及原因。

县林业局负责提供县域自然保护区面积及自治区自然保护区相关资料；负责统计和提供林地面积，计算林地覆盖率，负责说明林地年度变化及原因，提供自治区级自然保护区相关材料。县农业农村局（水利局）负责统计和提供水域湿地面积，计算水域湿地覆盖率，同时分析说明水域湿地年度变化及原因。县住房和城乡建设局负责统计和提供城镇污水集中处理率、城镇生活垃圾无害化处理率、建筑用地面积，负责说明建设用地年度变化及原因。县统计局负责统计提供县域自然、社会、经济基本情况，提供产业增加值指标相关证明材料。①

（三）监管主体多元、职责分散的原因

当前基层正处于改革过渡阶段，职责不明、互相推诿的现象不可避免。什么原因导致监管主体多元、职责分散呢？笔者通过分析，归纳如下。

其一，监管目标的双重性导致监管主体多元化。由于生态转移支付资金属于均衡性转移支付，需要围绕改善民生和保护生态环境的双重使用目标。民生和生态环保投入的各类项目覆盖范围广、纵横交错、纷繁复杂的特点决定了监管主体的多元性。以2018年都安瑶族自治县重点生态功能区转移支付资金使用情况为例，资金使用可分为大气污染防治支出、水污染防治支出、节能减排支出、城市管网支出、土壤污染防治支出、排污支出、天然林保护工程支出、退耕还林工程支出、江河湖库水系综合整治支出、农业资源及生态保护支出、农田水利设施建设和水土保持支出、林业生态保护恢复支出、农村环境整治支出、其他支出，共计14个项目。各个项目下还有若干分支，如大气污染防治支出项目包括大气污染防治行动、环境监测、电动垃圾车费用、城镇垃圾处理费等；退耕还林工程支出项目包括石漠化项目工作经费、退耕项目等；其他支出项目包括脱贫攻坚信息联通费、一事一议项目工作经费、公众责任保险等。每一项支出所对应的政府职能部门都不一样，承担的监管职责也各不相同。随着生态转移支付资金的不断增加，资金的使用范围还会不断扩大，相应的监管主体也会随之而增加。

其二，监管主体之间缺乏联合协作机制。重点生态功能区转移支付资金的拨付和使用以改善和提升重点生态功能区县域的生态效益和民生效益为主要目

① 资料来源于金秀瑶族自治县生态环境局的实地调研。

的，客观要求资金的使用者和监管者之间建立起信息共享、沟通及时、联合协作的科学高效机制，才能充分发挥这笔资金的作用。然而笔者在调研的过程中发现，基层政府职能部门的职责交叉、重叠，信息难以共享，联合协作机制的构建任重而道远；当前重复监管、监管范围冲突、监管不充分、效率低下等问题严重。例如：在重点生态功能区转移支付资金的绩效考核中，林业局负责建档立卡生态护林员的选聘工作以及监督护林员的护林工作，乡（镇）政府协助林业局落实建档立卡生态护林员选聘工作和管理监督护林员的护林工作，扶贫部门负责生态护林员身份的审定；发改局负责国家重点生态功能区产业准入负面清单的实施；生态环境局负责国家重点生态功能区县域生态环境质量考核工作。因机构改革中政府职能部门之间缺乏沟通协作，发改局和自然资源局相互推诿产业准入负面清单的相关工作，有的职能部门的工作人员甚至误以为该县的产业准入负面清单的实施主体是工信办。由此可见，各政府部门在生态转移支付资金工作中缺少必要的沟通，职能部门的资源、信息未能实现共享和整合，监管效率低下。

三、监管依据冲突影响监管效率

（一）生态扶贫依据相互冲突妨碍生态扶贫工作开展

2017 年 10 月《国家林业局办公室关于加强建档立卡贫困人口生态护林员管理工作的通知》（办规字〔2017〕123 号）第 3 条规定，严格执行劳务补助资金用途的相关规定，规范资金的用途表述和实际使用。生态护林员补助资金只能用于生态护林员劳务报酬支出，已用于机构、人员开支、培训和装备配备等支出的县要立即进行整改；只能逐月支付给生态护林员本人，禁止提前发放，禁止由他人代领。2018 年 11 月印发的《广西壮族自治区建档立卡贫困人口生态护林员选聘实施细则》第 6 条规定：自治区财政下达的生态护林员补助资金只能用于生态护林员的劳务补助报酬发放和部分简易装备购置、人身意外伤害保险支出，不能用于其他用途，确保专款专用。各县可从自治区财政下达的生态护林员补助资金中安排不超过 5%的资金用于部分简易装备购置、人身意外伤害保险支出。

笔者所调研的重点生态功能区县林业局的工作人员普遍反映：由于县财政

资金困难，生态护林员的人身意外伤害保险、简易巡护装备购置、培训等配套经费难以落实，生态护林员野外巡护工作缺乏安全保障，林业部门进村入屯培训工作也无法有效开展。尽管2018年11月印发的《广西壮族自治区建档立卡贫困人口生态护林员选聘实施细则》明确规定，各县可从自治区财政下达的生态护林员补助资金中安排不超过5%的资金用于部分简易装备购置、人身意外伤害保险支出。但是这与2017年10月《国家林业局办公室关于加强建档立卡贫困人口生态护林员管理工作的通知》规定的“生态护林员补助资金只能用于生态护林员劳务报酬支出，已用于机构、人员开支、培训和装备配备等支出的县要立即进行整改”内容相冲突，他们把握不准两个文件的效力位阶，所以不敢随意安排这笔专款专用的资金，害怕违规承担法律责任。可见，生态扶贫依据相互冲突直接影响到生态护林员补助资金的使用和监管。

（二）绩效考核标准不统一影响考核结果的公信力

绩效考核是重点生态功能区转移支付资金的主要监管手段，考核结果直接影响到第二年转移支付资金的分配，由此深受重点生态功能区县的重视。然而，绩效考核标准却不统一。对比2019年财政部制定的《中央对地方重点生态功能区转移支付办法》第10条和2019年《广西壮族自治区重点生态功能区转移支付办法》第4条的规定发现，“生态环境质量好坏”“是否发生重大环境污染事件”“实行产业准入负面清单的效果”这三项标准是一致的，但是“生态扶贫工作成效”这项标准虽然在财政部的办法中做出了规定，但在广西的办法中却并未规定。绩效考核标准不统一有损考核结果的权威性。

《广西重点生态功能区监管制度工作方案（试行）》规定了环境质量监测、生态环境质量综合评估、产业准入负面清单、财政转移支付和绩效考核5项监管制度，分别由生态环境厅、自治区发展改革委、财政厅、自治区绩效办和纳入监管范围的30个县（市）人民政府各司其职贯彻落实。其中，财政转移支付和绩效考核都是建立在产业准入负面清单、环境质量监测和生态环境质量综合评估的基础上，而生态环境质量综合评估又是以产业准入负面清单实施、环境质量监测等检查评估结果为基础，统筹考虑其他因素所做的综合评估。可见，生态环境质量综合评估制度包含产业准入负面清单制度和环境质量监测制度。至于“其他因素”到底包括哪些因素，在工作方案中并未明示。

如果“其他因素”是指“生态扶贫工作成效”，那么这里的生态环境质量综合评估就可以等同于重点生态功能区转移支付资金的绩效考核。相同的内容用不同的概念术语表达，把具有包含关系的制度当成并列的制度表述，势必会引起执法监督者和公众的误解和无所适从，直接影响绩效考核结果的公信力。此外，需要澄清说明的是，《广西重点生态功能区监管制度工作方案（试行）》规定的“绩效考核”是指，将监管范围的30个县（市）年度生态环境质量综合评估结果，纳入自治区对市县两级年度绩效考评范畴，并根据《广西市县党政领导班子和党政正职政绩考核评价实施办法（试行）》的相关要求，作为市县年度绩效考评和政绩考核的重要依据。这不同于《中央对地方重点生态功能区转移支付办法》中规定的重点生态功能区转移支付资金的绩效考核。如果概念不统一、使用不规范，必定会影响执法监督的效率和转移支付资金的效益。

四、奖惩机制设计缺陷减损监管威慑力

（一）法律责任的不足

法律责任不完整。《中华人民共和国预算法》总共101个条文，虽然用第十章专章规定了法律责任，但也不过寥寥5条。概括起来，承担法律责任的主体包括各级政府、各部门、各单位，负有直接责任的主管人员和其他直接责任人员。法律责任的形式有：责令改正、警告或者通报批评、降级、撤职、开除、追回骗取使用的资金、没收违法所得。从5个条文的内容看，法律责任以行政内部问责为主，为了避免与大量已经存在的行政内部问责规定重复，《预算法》并没有针对不同问责对象细分问责主体。因此，预算问责更多依赖于行政内部问责规定，如财政部门制定的部门规章或者规范性文件，包括2004年出台的《财政违法行为处罚处分条例》、2010年出台的《关于加强财政监督基础工作和基层建设的若干意见》、2012年出台的《财政部门监督办法》。这些规定明确了预算问责主体是县级以上人民政府财政部门及审计机关，监督的内容包括财政监督主体及其职责、财政监督的范围与权限、财政监督的方式等。《预算法》虽然规定了立法机关监督和审计监督，却并没有相应地规定问责的方式和内容，有关司法机关和社会的监督与问责规定也尚付阙如。

法律责任的正当性面临质疑。在行政内部管理程序之下追究个人预算法律责任没有任何问题，但涉及政府、部门、单位的集体责任仍以行政内部问责的方式追究，其正当性就面临质疑。因为追究集体责任是以权力主体违反其在预算权力配置体系中所承担的集体义务为前提，且需从权力制衡角度评价各个权力主体履行义务的状况再施以问责。①

（二）《中央对地方重点生态功能区转移支付办法》奖惩机制设计的缺陷

2019 年 5 月 9 日财政部印发的《中央对地方重点生态功能区转移支付办法》第 14 条采用准用性规则的方式对“资金监督问责”作出规定。② 相较于确定性规则，准用性规则并未明确规定权利、义务和法律责任，适用的时候需要援用其他规则，内容具有不确定性。

2019 年 5 月 28 日广西壮族自治区财政厅印发的《广西壮族自治区重点生态功能区转移支付办法》在上述责任的基础上又增加了一种奖惩方式，即：转移支付资金的增减。但这种奖惩机制存在以下问题。其一，奖惩标准不明确。例如，2016 年上林县奖励 204 万元、马山县奖励 249 万元、三江县奖励 354 万元、资源县奖励 361 万元；2017 年上林县奖励 750 万元、马山县扣减 104 万元、三江县扣减 62 万元；2018 年马山县奖励 200 万元；2019 年资源县扣减 1100 万元、蒙山县奖励 704 万元。③ 然而，上述数据依据的奖励或惩罚的幅度和标准并未明确，只是表述为“采取相应的奖惩措施”“适当增加转移支付”“根据实际情况对转移支付资金予以扣减”。其二，奖励资金有限，难以调动积极性。原本重点生态功能区转移支付资金的总额就很有限，奖励资金的总额又仅限于扣减资金的数额，并未额外增加，这与获得奖励的县为了保护生态环境所付出的努力极不匹配，难以调动工作的积极性。其三，用扣减转移支

① 朱大旗，何遐祥．预算法律责任探析［J］．法学家，2008（5）：95.

② 《中央对地方重点生态功能区转移支付办法》第 14 条规定：各级财政部门及其工作人员在资金分配下达和管理工作中存在违反本办法的行为的以及其他滥用职权玩忽职守徇私舞弊等违法违纪行为的，资金使用部门和个人存在弄虚作假或挤占、挪用、滞留资金等行为的，依照《中华人民共和国预算法》《中华人民共和国公务员法》《中华人民共和国监察法》《财政违法行为处罚处分条例》等国家有关规定追究相应责任，涉嫌犯罪的，移送司法机关处理。资金使用部门和个人存在弄虚作假或挤占、挪用、滞留资金等行为的，依照《中华人民共和国预算法》《财政违法行为处罚处分条例》等国家有关规定追究相应责任，涉嫌犯罪的移送司法机关处理。

③ 数据来源于广西壮族自治区财政厅的实地调研。

付资金的方式作为惩罚的手段不科学。重点生态功能区县大多是贫困县，自身财政收入微薄，主要依靠上级财政补贴地方财政以维持行政机构正常运转和地方经济的持续发展。如果将扣减生态转移支付资金作为惩罚措施，势必给地方财政困难雪上加霜，影响地方政府对重点生态功能区建设的投入，从而会使当地的生态环境进一步恶化，威胁生态安全。以资源县为例，2019 年资源县获得的生态转移支付资金共计 6327 万元，由于生态环境质量“变差”被扣减 1100 万元，2018 年资源县本级财政收入 34247 万元，被扣减资金数额占资源县本级财政收入的 3%，而所扣减的资金缺口只能以地方财政收入弥补。如果地方财政收入无法弥补，当地生态环境保护工作就难以开展，生态环境保护不到位又会引起环境恶化、民生无法保障等恶性循环。此外，《广西壮族自治区重点生态功能区转移支付办法》对地方领导干部政绩考核的内容语焉不详。2017 年 7 月 15 日印发的《关于加强县域经济发展分类考核的意见》，对重点生态功能区实行生态保护优先的考核标准，考核方式包括县级自评、市级初评、自治区考核，考核结果作为评价县级领导班子和干部和“广西科学发展先进县（城区）、进步县（城区）”评比表彰的重要依据，对获奖的县（市、区）在绩效考评、干部年度考核、项目建设、土地指标、资金安排、招商引资、干部使用、干部培训等方面予以奖励。然而，这一内容并未在中央和地方《重点生态功能区转移支付办法》的奖惩机制中得以体现，不利于提高地方政府的重视程度和强化职能部门的责任意识。

五、配套制度不健全有损监管效力

（一）建档立卡贫困人口生态护林员选聘管理制度漏洞影响监管效力

选聘建档立卡贫困人口为生态护林员是利用重点生态功能区转移支付资金实现生态扶贫目标的重要途径。然而，当前建档立卡贫困人口生态护林员选聘管理制度中存在的漏洞妨碍了这一目标的实现。

1. 生态护林员履职监管不完善

乡镇与护林员签订协议，对管护范围、管护标准进行约定，协议载明需对管护工作进行检查验收，通过验收才能发放护林员补助。而实际工作中，乡镇就业服务中心通过不定期验收进行监督。只要申请了护林员岗位，管辖范围内没出现重大的林业问题，就会认定生态护林员是称职的，相关待遇照常发放。这种验收监督模式有悖生态保护目的、有违生态扶贫资金设置的初衷。因为生态护林员的职责是巡护森林，防止森林火灾等破坏生态环境的灾害事件的发生，以有无发生事故界定是否称职，只验收不检查、不评估，会使护林员工作态度松懈，甚至怠于履行岗位职责，其结果往往是事与愿违，大大增加森林灾害事故发生的风险。

2. 生态护林员选聘工作滞后

以广西2018年生态护林员选聘工作为例。实施2018年度生态护林员选聘工作的64个重点生态功能区县、滇桂黔石漠化片区县和国家扶贫开发工作重点县中，有46个县制定印发了生态护林员选聘实施方案，其中41个县上报了生态护林员选聘实施方案附表；18个未制定印发生态护林员选聘实施方案的县中有9个县上报了生态护林员选聘实施方案附表。总体来看，全区2018年度生态护林员选聘工作进度滞后于国家和自治区设定的时间节点。工作滞后的原因主要有二：一是重视程度不高。部分市、县林业及扶贫部门没有正确认识到生态护林员选聘工作是中央和自治区脱贫攻坚重大决策部署中“生态补偿脱贫”的主要手段，错误认为推进选聘工作的责任仅属于当地乡镇人民政府，缺乏统筹推进工作的意识。部分县没有正确认识到生态护林员选聘工作是县级党委、政府落实脱贫攻坚主体责任的有机组成部分，未形成以县人民政府为主导推动工作的机制，没有统筹各部门形成整体合力，生态护林员选聘实施方案审批进展缓慢，严重影响选聘工作进度。二是责任意识不强。部分设区市林业及扶贫部门没有真正履行好统筹协调、督促检查、审核和综合汇总的工作职责，特别是未及时对进度缓慢的县进行督促、检查、指导。部分县在推进生态护林员选聘工作方面责任意识、担当意识不强，未切实按照国家和自治区文件要求履行统筹推进生态护林员选聘工作的职责。三是档案管理和宣传工作不到位。部分县不注重选聘工作档案资料的收集整理和检查核对，存在资料内容不全、表述不规范等现象。部分县在生态护林员选聘工作中措施有效、成效突出，但缺乏对工作的总结提炼，利用新闻媒体宣传报道不多，向上级部门汇报力度不够，典型经验做法难以得到有效体现和推广。

（二）产业准入负面清单制度不健全有损监管效力

国家重点生态功能区产业准入负面清单制度的设立是科学发展生态产业、保护生态环境、实现国家生态长期稳定的重要手段。产业准入负面清单涵盖农林牧渔业、采矿业、制造业等多种行业，其制定和落实涉及到县发改局、农业局、水产畜牧局、林业局、工信局、国土局等多个部门，需要统筹协调所涉及部门的相关工作，然而当前，各部门在负面清单的制定和落实中沟通协作不足，冲突推诿有余，信息共享及协调合作机制尚未有效建立，严重影响监管的效力。

产业准入负面清单制度通过限制和禁止不利于当地生态环境保护的产业，鼓励结合自然环境特点发展与生态功能区类型相适应的产业，促进重点生态功能区县的产业结构升级和环境保护，推动重点生态功能区的可持续发展。这项制度是否能够顺利推进取决于限制和禁止相关产业的损失能否在发展新的产业中得到弥补，这一点既关系到企业的生存和发展，又直接影响到地方政府的税收收入。例如：都安瑶族自治县负面清单中明确规定“禁止在红水河、澄江河、刁江河等河流主河道上扩建、新建网箱养殖项目，现有的限5年内拆除”。但是，该县河流主河道的网箱都是在负面清单出台前建设，养殖户已投入大量资金。网箱养殖是养殖户的主要家庭经济来源，如果禁止养殖并拆除网箱设备，却不能提供足以弥补损失的补偿，养殖户的抵触情绪很大，负面清单难以落实。又如：恭城瑶族自治县地处岭南山地森林及生物多样性生态功能区，属于水源涵养型重点生态功能区，矿产业是该县重要的支柱性产业和主要税收来源。但自从该县被纳入国家级重点生态功能区之后，环保压力加大，矿产业在负面清单中被列为禁止类产业，由此，矿产业对恭城县的税收贡献急剧减少，使本就捉襟见肘的财政收入“雪上加霜”。国家和自治区拨付的重点生态功能区转移支付资金杯水车薪，根本无法弥补严格执行负面清单减少的财政收入。笔者在该县发改局调研时，主管产业准入负面清单工作的副局长坦言，如果当初没有申报国家级重点生态功能区，该县的财政收入比现在更富足。再如，滑石产业是龙胜各族自治县经济建设重点培植的支柱产业，但该县产业准入负面清单将滑石类滑石采选业列为限制类项目，不利于该县经济的发展。为此，龙胜县呼吁增加该县重点生态功能区财政转移支付资金，促进滑石生产企业的产业升级，推进企业资产重组和要素的优化配置，重点扶持和培育龙头企业，以确保滑石产业的支柱产业地位。因此，亟待准确核算由于严格执行产业准入负面清单制度给企业造成的损失以及当地政府为此减少的财政收入，为增加转移支付资金提供有足够说服力的依据。

（三）监测制度的不完善影响监管工作的开展

1. *有限的监测资金难以负担日益繁重的监测任务*

随着我国重点生态功能区财政转移支付资金规模的持续扩大，对环境保护监管的精细程度要求更高，监管部门监测职责的履行也要求更严，这必然要求监测经费的投入更大、更有保障。从笔者在广西调研的几个县的情况看，监测经费投入普遍不足，难以满足覆盖面大、精细化要求高的监测工作的要求。例如：金秀瑶族自治县2014—2018年环境监测支出及占生态环境保护总支出的比例见表4－1。富川瑶族自治县2014年环境监测支出仅为30万元，2015年也仅增加到53万元。

表4－1　　金秀县环境监测支出及占生态环境保护总支出的比例①

年度	生态环境保护总支出	环境监测支出（占比）
2014	1116万元	38万元（3%）
2015	1539万元	55万元（4%）
2016	2236万元	100万元（4%）
2017	520万元	100万元（19%）
2018	1738万元	100万元（6%）

富川县属于水土涵养类重点生态功能区，金秀县属于水土保持类重点生态功能区，两县环保局原本就肩负着繁重的森林、水源等检测任务。2016年被纳入国家级重点生态功能区之后，两县的监测范围逐年扩大，监测指标不断增多，对监管部门的要求也不断提高。例如，近年增加了县城噪音监测以及乡镇村一级的水污染监测等任务，亟待增加监测费用，更换、完善环境监测设备，提高监测人员的专业技术水平。监测经费投入不足势必会造成监测工作完成粗糙、进度缓慢、难以及时真实反馈转移支付资金的使用情况等后果，从而直接

① 数据来源于金秀瑶族自治县财政局。

弱化监管的力度，降低转移支付资金的使用效益。

2. 监测工作不规范

县域水质、空气质量及污染源监测工作不够规范，未按《国家重点生态功能区县域环境质量考核有关指标环境监测方案》执行监测任务，主要体现在监测行为不规范、监测频次少、监测项目不全、计算错误。如有的县水质断面信息错误，河流和湖泊不区分，或只有一个监测断面，监测频次仅为1～2次/年，监测项目少，达不到考核要求的每个断面12次监测，分析项目25项；空气监测频次为1季度1次或仅1年1次，单次监测天数不足5天，出现断续监测或只监测3天的情况，达不到每月监测一次，单次连续监测5天要求；污染源监测个别县甚至无数据，或者报送材料较多时缺少对材料整理和说明；另外存在达标率评价计算错误等。以上情况均导致考核数据无效，浪费大量人力物力的同时，还影响监督的效果。

监测数据报告缺乏内部审核监督，规范性不强。监测报告编写人员、审核人员和审定人员对水质、空气质量、污染源的评价执行标准和方法不熟悉，导致评价结果错误。有的县监测数据表明存在超标情况，但报告仍然填写达标。

县域材料准备不充分，填报不规范。具体体现为：部分县域自查报告过于简单和笼统，数据填报不规范，文字材料过于简单，不能反映县域在生态保护和环境治理的成效；水质和空气质量监测报告使用环评报告或验收报告代替等；个别县存在编造监测数据行为；县政府盖章报送数据与部门盖章数据间存在逻辑矛盾、规范出入和统计错误。

监测数据是生态环境质量综合评估、重点生态功能区财政转移支付资金绩效考核的重要依据，直接影响重点生态功能区县下一年度财政转移支付资金的拨付数量，以及党政领导班子和干部的绩效考评和政绩考核。

第五章

西部重点生态功能区转移支付的法治化路径

西部重点生态功能区建设，是为了结合区域资源禀赋特点，合理规划国土生态空间，协调资源开发利用与生态环境保护之间的紧张关系，促进西部环境、经济和社会的可持续发展。法律制度是众多协调手段中最有效、最能根本解决问题的手段之一，任何手段的有效运用都需要立法来体现和支持。然而目前，我国有关重点生态功能区建设的法律尚不完善，远不能满足西部重点生态功能区建设民主化、科学化和法治化的需要，有关资金主要来源的生态补偿法律体系同样滞后，法律规定很不健全，现有法律法规在具体操作过程中仍然存在很多盲区。我国西部重点生态功能区转移支付法治化不足的问题导致了一系列严重的后果，极大地影响了这笔资金的利用效果、阻碍了重点生态功能区建设的进程、妨碍生态文明体制改革总体方案的落实。改变现状的当务之急就是丰富法律渊源、提高立法层次、整合完善立法内容，为生态补偿和生态保护提供全面稳定的法律依据，这是加快这一领域法治化步伐的先决条件。

首先，在法律层面，应当进一步完善充实《中华人民共和国预算法》《中华人民共和国民族区域自治法》《中华人民共和国环境保护法》中有关转移支付、生态补偿和生态转移支付的相关规定，在《中华人民共和国环境保护税法》中增加关于“将环境保护税税收收入专项用于生态环境保护领域”的规定，与此同时，结合主体功能区保护的需要，进一步扩大环境保护税的征税范围。

其次，在行政法规、地方性法规和行政规章领域，国务院应尽快整合分散在各种行政法规、地方性法规、行政规章以及政策中的内容，出台《重点生态功能区保护条例》和《生态保护补偿条例》，可以考虑扩展生态保护区的内涵，将“文化保护”与“环境保护”、“文化生态保护区”和“自然生态保护区”有机结合起来[①]，及时总结成熟的经验，修订中央和地方《重点生态功能区转移支付办法》，并分别落实到部门规章和地方政府规章。

再次，在自治条例和单行条例方面，西部民族自治地方应充分利用自治权，制定有关重点生态功能区建设的自治法规。重点生态功能区建设，当然要从国家层面做法律制度的顶层设计，自上而下地推进生态功能区建设落地。但更重要的是，需要地方机关根据本地方的实际情况制定地方性法规和规章，以实现对区域生态功能区的保护。西部民族自治地方更需要充分考虑区域内少数民族、经济社会发展、资源禀赋和功能定位的特殊性、复杂性等实际情况，合理利用自治立法权，针对限制开发区和禁止开发区域内的生态环境保护、资金的来源和使用等内容制定单行条例和自治条例，力争形成一整套合理、科学、操作性强的自治规范体系，为我国西部民族自治地方的重点生态功能区建设提供充分的法律依据。

“人们之间的交往实践不仅产生了制度的需求，不仅是制度供给的主要渠道，还是实现其价值的基本途径，也是制度获得修正、渐趋合理的基本方式。”[②] 换言之，一方面，完备的法律规范体系是高效的法治实施体系和严密的法治监督体系的重要依据和保障；另一方面，高效的法治实施体系和严密的法治监督体系为法律规范体系的实践功效提供动力。当前，有关西部重点生态功能区转移支付的主要法律渊源是《中央对地方重点生态功能区转移支付办法》以及各个地方的《重点生态功能区转移支付办法》，这些办法层次低、权

---

① 余俊．生态保护区内世居民族的环境权与发展问题研究［M］．中国政法大学出版社，2016：152.

② 邹吉忠．自由与秩序［M］．北京师范大学出版社，2003：6.

威性不够且变动频繁，亟待在“资金来源”“资金分配”“资金使用”和“资金监督”的实践中不断试错，总结成功的经验，吸取失败的教训，及时将办法上升为更高层次的法律规范，这也是立法内容满足社会主体需要而获得正当性的基本路径。下面，笔者以《中央对地方重点生态功能区转移支付办法》以及西部地区地方政府《重点生态功能区转移支付办法》为主要依据，围绕着构建完备的法律规范体系、高效的法治实施体系和严密的法治监督体系，对法治化完善路径展开详细论述，以管窥之见，期抛砖引玉。

第一节 丰富和规范资金的来源

目前我国生态功能区生态补偿的渠道几乎都限于国家财政拨款，生态补偿资金不足、补偿资金来源单一等问题普遍存在。西部国家重点生态功能区建设基本依赖政府转移支付，并没有形成依靠包括政府、社会、市场等的多元化资金补偿机制，无法满足当地经济社会发展和生态环境保护的实际需要，直接影响西部生态安全的维护、区位优势的发挥、战略地位的巩固。建立多元化的主体功能区生态补偿机制，扩大生态补偿资金来源刻不容缓。区域间横向生态补偿、环境保护税收收入、碳汇交易收入、发行生态保护政府性基金都是建立多元化的主体功能区生态补偿机制、解决生态补偿资金来源单一问题的有效方式。

目前，国务院和财政部等部委分别出台了有关横向生态保护补偿机制的指导意见。例如，国务院办公厅2016年5月印发的《关于健全生态保护补偿机制的意见》提出，在中央转移支付这种纵向的生态保护补偿之外，要推进横向生态保护补偿，鼓励受益地区与保护生态地区、流域下游与上游通过资金补偿、对口协作、产业转移、人才培训、共建园区等方式建立横向补偿关系，逐步构建以地方补偿为主、中央财政给予支持的横向生态保护补偿机制。又如，2016年12月财政部、环境保护部、发展改革委、水利部联合印发《关于加快建立流域上下游横向生态保护补偿机制的指导意见》，提出了“试点先行、分步推进”的基本原则，鼓励坚持先易后难，在积极推动各省（区、市）建立本行政区域内流域上下游横向生态保护补偿机制的同时，扩大跨省流域上下游横向生态保护补偿机制试点范围，积累经验后，再逐步扩展至跨多个省份的流域，并不断探索在其他生态环境要素开展补偿的可行性及实现路径，不断增强横向生态保护补偿机制的政策效能。此外，西部地区在横向生态补偿的构建上已经积累了宝贵的经验，取得了一定的成果，例如：2019 年重庆在全国首创建立“提高森林覆盖率横向生态补偿机制”，九龙坡区与城口县签订了《横向生态补偿协议》，江北区与酉阳县也签订了《横向生态补偿协议》。又如，2019 年 1 月 3 日，广西自治区政府、广东省政府双方本着互惠互利、合作共赢的原则，签订了九洲江流域上下游横向生态补偿的协议（2018—2020 年），这是两省（区）为保护和改善九洲江流域水环境质量，保障饮水安全，在 2015—2017 年九洲江流域上下游横向生态补偿工作取得良好成效的基础上签署的协议。[①] 协议的签订是践行意见和指导意见，在承担保护生态重大责任的民族地区与受益地区建立横向生态转移支付的有益尝试。然而，协议对于构建横向生态转移支付中的重点和难点问题，并未给出翔实的解决方案，如补偿标准的确定、权利义务的设计、法律后果的承担等。这些问题的研究和解决，对于积累和推广经验、促进横向生态保护补偿机制的发展和完善大有裨益。因此，本节拟在以上政策文件和实践的基础上，进一步以广西金秀瑶族自治县为例，针对西部重点生态功能区横向转移支付[②]的法治化构建问题进行深入探讨，以期建立多元化的主体功能区生态补偿机制，丰富和规范资金的来源。

一、西部民族地区与受益地区横向生态转移支付构建的法律依据

《中华人民共和国民族区域自治法》第 66 条[③]给为国家生态平衡、环境保

① 余锋．粤桂签订九洲江流域生态补偿协议［EB/OL］．（2019/01/10）［2019/09/10］．http：//gxrb. gxrb. com. cn/html/2019－01/10/content_ 1566089. htm.

② 横向生态转移支付是自然资源消费地区或生态系统服务的受益地区向自然资源产地或生态系统服务功能区提供生态补偿转移支付资金，主要指政府间的资金流动，也包括相关企业和部门之间的资金流动。本书重点探讨政府间的资金流动。

③《中华人民共和国民族区域自治法》第 66 条规定：“上级国家机关应当把民族自治地方的重大生态平衡、环境保护的综合治理工程项目纳入国民经济和社会发展计划，统一部署。民族自治地方为国家的生态平衡、环境保护作出贡献的，国家给予一定的利益补偿。”

护作出贡献的民族自治地方获得生态补偿提供了直接的法律依据。2015 年 12 月 22 日，全国人民代表大会常务委员会执法检查组关于检查《中华人民共和国民族区域自治法》实施情况的报告在分析该法贯彻实施中面临的困难及存在的一些问题中指出，民族地区是我国的水系源头区、生态屏障区和资源富集区，在生态建设中处于重要位置，具有重要作用，但民族地区生态建设面临着严峻的形势，生态建设任务繁重。一是生态状况堪忧。水土流失，土地石漠化、荒漠化，草原沙化、退化，湿地萎缩等问题突出。二是发展与保护矛盾突出。民族地区大多是生态保护区，25 个国家重点生态功能区有 23 个在民族地区，产业选择、项目引进受到较大限制。三是生态补偿不到位。民族地区普遍反映，目前的生态补偿范围小，补偿标准低，难以适应生态文明建设的实际需要和弥补农牧民的实际损失。①

《中华人民共和国民族区域自治法》第 64 条②可以作为横向生态转移支付间接的法律依据。根据当然解释，该条文蕴含着理所当然、不言自明的道理：没有履行环境保护义务的民族自治地方都可以与经济发达地区开展经济、技术协作和多层次、多方面的对口支援，那么履行环境保护义务、提供生态产品的民族自治地方就更应该得到经济发达的受益地区的补偿和帮助支持，通过“举重明轻”“举轻明重”来解释法条中蕴含的理所当然、不言自明的道理。《中华人民共和国环境保护法》第 31 条③进一步为实施生态保护的民族自治地方与受益地区之间建立横向生态转移支付提供了直接的法律依据，但更为具体详细的内容还需在实践中不断丰富。

2005 年 5 月实施的《国务院实施〈中华人民共和国民族区域自治法〉若

---

① 向巴平措．全国人民代表大会常务委员会执法检查组关于检查《中华人民共和国民族区域自治法》实施情况的报告［EB/OL］．（2016/02/26）［2019/09/19］．http://www.npc.gov.cn/wxzl/gongbao/2016-02/26/content_1987063.htm.

② 《中华人民共和国民族区域自治法》第 64 条规定：“上级国家机关应当组织、支持和鼓励经济发达地区与民族自治地方开展经济、技术协作和多层次、多方面的对口支援，帮助和促进民族自治地方经济、教育、科学技术、文化、卫生、体育事业的发展。”

③ 《中华人民共和国环境保护法》第 31 条明确规定：“国家建立、健全生态保护补偿制度。国家加大对生态保护地区的财政转移支付力度。有关地方人民政府应当落实生态保护补偿资金，确保其用于生态保护补偿。国家指导受益地区和生态保护地区人民政府通过协商或者按照市场规则进行生态保护补偿。”

干规定》第8条第3款对我国生态补偿机制作了原则性规定①，该法条明确规定了生态补偿应遵循“开发者付费、受益者补偿、破坏者赔偿”的原则，其中补偿主体是环境资源的开发者、破坏者以及生态环境的受益者，补偿对象是在野生动物保护区和自然保护区建设等生态环境保护方面作出贡献的民族自治区、自治州、自治县。由于该条款对我国生态补偿机制只是原则性规定，生态补偿的具体标准和实现形式等内容还有待在实践中不断完善。

二、西部民族地区与受益地区横向生态转移支付法律关系主体的确定

横向生态转移支付的建立源于生态环境保护的正外部性。生态环境保护是一项重大的系统工程，各级政府不同的事权范围所对应的支出责任各不一样：提供全国性生态产品属于中央政府的事权范围，应当由中央财政负担；提供地方性生态产品属于地方政府的事权范围，应当由地方财政负担；提供跨区域生态产品属于保护区和受益区地方政府共同的事权范围；有的甚至还涉及中央政府的事权范围，理应由相关地方财政和中央财政共同负担。横向生态转移支付就是一种由保护区和受益区地方政府共同承担生态环境保护事权的财政手段。横向生态转移支付法律关系主体就是权利的享有者和义务的履行者，具体包括横向生态转移支付资金的支付主体和接受主体。下面以广西金秀瑶族自治县为例具体展开论述。

金秀县境绝大部分处于大瑶山主体山脉上，山势大致呈东北—西南走向，中心高，四周低。山上动、植物资源十分丰富，是广西最大的水源林和水源中心之一，植物种类共有213种、870属、2235种，居广西各县之首②，既是国家级森林公园，又是国家级自然保护区，是我国罕见拥有“水库”“碳库”“氧库”“物种基因库”的生态大县。2016年金秀瑶族自治县被纳入国家重点生态功能区的范围，类型为水土保持型。水土保持型国家重点生态功能区是指

---

① 《国务院实施〈中华人民共和国民族区域自治法〉若干规定》第8条第3款对我国生态补偿机制作了原则性规定：“国家加快建立生态补偿机制，根据开发者付费、受益者补偿、破坏者赔偿的原则，从国家、区域、产业三个层面，通过财政转移支付、项目支持等措施，对在野生动植物保护和自然保护区建设等生态环境保护方面作出贡献的民族自治地方，给予合理补偿。”

② 广西壮族自治区地方志编纂委员会编．广西通志·民族志（下）[M]．南宁：广西人民出版社，2009：751.

承担水土保持重要生态功能，关系全国或较大范围区域的生态安全，需要在国土空间开发中限制进行大规模高强度工业化城镇化开发，以保持并提高生态产品供给能力的区域。①此类重点生态功能区的功能定位是：保障国家生态安全的重要区域，同时也是人与自然和谐相处的示范区。因此，这一区域要以保护和修复生态环境、提供生态产品为首要任务，因地制宜地发展不影响主体功能定位的适宜产业，引导超载人口逐步有序转移。金秀县作为保护和修复生态环境、提供生态产品的国家重点生态功能区，同时又是国家新时期扶贫开发工作重点县，是横向生态转移支付资金的接受主体。

横向生态转移支付资金支付主体的确定取决于生态产品受益范围的大小。金秀是广西珠江流域防护林工程建设重点县之一，森林生态效益十分明显，县域内发源的支流年流量为25.7亿立方米，占整个珠江流域的7.65‰，直接灌溉着周边5个市（桂林、柳州、贵港、梧州、来宾市）和7个县（蒙山、荔浦、鹿寨、象州、武宣、桂平、平南县）200多万亩水田和1500万亩耕地，并为500多万人口提供生产和生活用水。据测算，金秀县生态系统服务功能年价值量达25.8亿元（其中森林涵养水源价值达4.9亿元），每年产生的社会生态效益高达49.8亿元。②如此重要的生态环境的维护者、生态产品的提供方，其维护生态环境的行为应当获得倍加激励，提供的生态产品应当获得对价，然而事实上，目前金秀县获得的各种生态补助主要是纵向的补助，且与该县对生态环境保护的投入量和贡献值不匹配。如：2014—2018年，上级财政按照重点生态功能区转移支付办法及测算标准，共下达金秀县重点生态功能区转移支付补助资金24517万元，其中：2014年3540万元，2015年3734万元，2016年5121万元，2017年6074万元，2018年6048万元。③这笔资金远远不能满足金秀县生态环境保护的投入需求。这种生态环境保护投入和贡献与获得不成正比的现象不仅在金秀县存在，在其他国家重点生态功能区县也普遍存在，极大地影响了生态环境保护的成效和可持续性。亟待在纵向生态转移支付的基础上，建立横向生态转移支付，明确受益主体的范围，并将受益主体确定为横向

---

①　李国平，汪海洲，刘倩．国家重点生态功能区转移支付的双重目标与绩效评价［J］．西北大学学报（哲学社会科学版），2014（1）：151.

②③　数据来源于2019年7月笔者到金秀瑶族自治县财政局的实地调研。

生态转移支付资金的支付主体。为此，可以参照1993年建立的大瑶山水源林横向补偿机制来确定支付主体。根据广西壮族自治区人民政府办公厅《关于大瑶山水源林管护经费问题的批复》(桂政办函〔1993〕15号)，广西财政从1994年起，对大瑶山水源林所在地金秀县的管护经费实行补偿，具体做法是：由受益的柳州市、桂林市、梧州市、贵港市在年度结算时作专项上解自治区，由自治区对来宾市金秀县给予专项补助，并以1993年管护经费为基数，此后每年递增10%。[①]

三、西部民族地区与受益地区横向生态转移支付法律关系主体权利义务的设计

生态资源的浪费或过度使用与人们对生态环境价值的认识不足，以及相关主体权利义务和责任不明确密切相关。长期以来，我国东部发达地区和中西部落后的民族地区的经济发展水平与所承担的生态补偿责任之间呈不对等关系，即：经济发展水平高的地区往往承担相对较轻的生态环境补偿责任，反之，经济落后的西部民族地区却履行较多的生态环境补偿义务。从我国利用自然生态资源推动经济发展的实际情况来看，西部落后的民族地区源源不断地为东部地区经济社会发展提供自然资源和生态环境公共产品，却没能获得相应的对价，这不仅会加重民族地区不平衡不充分发展的程度，更不符合公平正义的价值。美国著名经济学家曼昆指出，在所有的情况下，市场没有有效地配置资源，是因为没有很好地建立产权，也就是说，某些有价值的东西并没有在法律上明确其所有者的权利。[②] 应当尽快在确定法律关系主体的前提下，明确主体的权利义务和责任，做到权责利相统一。下面仍以金秀瑶族自治县为例展开论述。

金秀县作为生态环境公共产品的供给方，为履行保护生态环境的义务付出很大的代价，理应享有接受受益方支付的对价转移支付资金的权利。尽管

---

① 广西壮族自治区财政厅办公室．广西财政立足长远构建生态环保建设长效机制［EB/OL］.(2016/09/12)［2019/09/22］. 中华人民共和国财政部，http：//www. mof. gov. cn/xinwenlianbo/guangxicaizhengxinxilianbo/201608/t20160804_ 2374886. htm.

② ［美］曼昆．经济学原理——微观经济学分册［M］. 梁小民，梁砾译．北京：北京大学出版社，2015：246.

1993年广西已经建立大瑶山水源林横向补偿机制，然而，2018年金秀县获得的补助总数为322万元，与实际需要相比，每年约缺口1178万元。[①]按照“权利义务对等原则”，在计算对价转移支付的额度时应当充分考虑该县为履行保护生态环境的义务而牺牲的经济利益。以下详述之。

其一，金秀县是以林业为主的山区县，林木区划为公益林后，对原来依靠林木为主要经济收入来源的林农来说，目前国家每亩每年15元的管护补偿标准（国有林场仅为每亩每年8元），远远解决不了山区群众生活出路的实际困难。据测算，补偿标准需提高到每亩每年50元以上，才能较好维护公益林所有者的合法权益，并形成激励机制，调动林权所有者保护和管理公益林的积极性。按每亩50元计算，全县181.48万亩重点公益林的生态效益每年要给予补偿9074万元，与当前补贴标准相比缺口7000万元左右。此外，禁伐天然林及实行公益林补偿机制后，经营方式改变，国有林场一直靠伐木来维持职工生活的480名职工（其中在职140人、退休340人）没有了生活来源，在2018年纳入财政供养，每年地方财政需增加支出1542万元。[②]

其二，2016年金秀瑶族自治县被纳入水土保持型国家重点生态功能区的范围，承担着繁重的保护和修复生态环境的任务，如：大力推行节水灌溉和雨水集蓄利用，发展旱作节水农业；限制陡坡垦殖和超载过牧；加强小流域综合治理，实行封山禁牧，恢复退化植被；加强对能源和矿产资源开发及建设项目的监管，加大矿山环境整治修复力度，最大限度地减少人为因素造成新的水土流失；拓宽农民增收渠道，解决农民长远生计，巩固水土流失治理、退耕还林、退牧还草成果。这些任务的完成，需要大量财政投入。但笔者走访金秀县财政局了解到，虽然金秀县水利局设有水土保持站，核定编制5人，实有人员5人，另有退休人员5人。2014—2018年从县级财政公共预算中仅仅安排211万元用于水土保持站人员及工作经费，其中：2014年40万元、2015年40万元、2016年51万元、2017年46万元、2018年34万元，上级并未安排有专项水土保持转移支付资金。因此，水土保持资金缺口应当在确定横向转移支付的额度时予以考虑。

---

①② 数据来源于2019年7月笔者到金秀瑶族自治县财政局的实地调研。

其三，国家重点生态功能区要实行产业准入负面清单制度，其经济发展受到负面清单很多的限制。根据《金秀瑶族自治县国家重点生态功能区产业准入负面清单制度工作方案》的规定，凡是列入产业准入负面清单禁止类项目，全县一律不得准入，投资主管部门不得予以审批、核准、备案，各金融机构不得发放贷款，自然资源、城乡建设、生态环境、市场监管等部门不得办理有关手续，水、电、气等有关管理单位不得提供保障。凡是列入产业准入负面清单限制类的项目，必须同时满足相应行业和相应区域的要求，报投资主管部门按权限审批、核准或备案后，方可准入。凡违反规定批准其进行投融资建设或生产的，要追究有关单位和人员的责任。如果金秀由于施行产业准入负面清单制度而牺牲的利益得不到合理补偿，就会影响这项制度实施的效果和可持续性，最终阻碍国家重点生态功能区建设的步伐，降低生态产品供给的数量和质量。因此，受益地区在享有获得约定数量和质量的生态产品的权利时，也应当充分考虑金秀由于施行产业准入负面清单制度而牺牲的利益，履行同等价值的横向转移支付的支付义务。

四、西部民族地区与受益地区横向生态转移支付法律后果的承担

法律对人们行为的调整主要就是通过权利义务的设定和履行，并辅之以相应的法律后果来实现的，即法律通过规定人们的权利和义务来分配利益，通过规定法律后果来对这种分配加以激励和保障，以此影响人们的动机和行为，有效调整社会关系。横向生态转移支付的法律后果是对资金的支付主体和接受主体权利义务的再分配，其分配方式是：确定法律关系主体遵守行为准则时法律所持的态度和采取的措施，以及违反法律所规定的行为准则时所应承担的责任、履行方式。前者是肯定式后果，后者是否定式后果。无论肯定式还是否定式法律后果，都有一般和具体之分。如果人们模范地和成绩显著地遵守“提倡性规范”[①]，则可以获得具体形式的肯定，如奖励；如果人们违反“强行性规范”，会导致具体形式的否定，这种否定式后果的构成包括两个相关联的环

① 这种规范不同于强行性规范和任意性规范，它通过奖励等方式提倡、鼓励人们进行或不进行某种行为。

节，即法律责任与法律制裁，法律责任是行为人违反法律规定的义务所应付出的代价，法律制裁则是由国家机关强制违法行为人履行其应负的法律责任。[①]

横向生态转移支付法律制度属于经济法的范畴，法律关系主体承担法律后果的方式应当充分彰显经济法的特色。其一，灵活适用具体形式的肯定式法律后果激励当事人的生态保护行为。广西财政可以依据考核目标完成情况确定奖励资金，奖励资金拨付给流域上游金秀县，专项用于金秀大瑶山水源林保护区的水土保持和水源涵养工作，既调动了当地环境保护、提供公共产品的积极性，又提供了充足的财政资金保障，一举两得。其二，横向生态转移支付的支付主体和接受主体间接承担法律责任。支付主体和接受主体都是政府机关，以履行约定的义务为己任，实际上是权力、义务和责任高度统一的经济法主体，在怠于履行或不恰当履行职责时，会面临上级主管机关或监督机关的处罚，这种责任更多地表现为对相关责任人员的警告、记过、撤职、降级等形式，政府机关只是间接地承担责任。其三，对于未有效履行水土保持和水源涵养义务的资金接受主体，不宜采用扣减转移支付资金的制裁方式。横向生态转移支付法律制度构建的主要目的是为了弥补纵向生态转移支付资金的不足，在确保权责利相统一的前提下更好地实现生态效益和社会效益。如果采用扣减接受主体转移支付资金的制裁方式，无疑会给当地的水土保持和水源涵养工作雪上加霜，直接导致生态效益和社会效益的下降，这与该项法律制度构建的目的是相悖的。

第二节　完善资金的分配

本节通过重点补助、引导性补助、生态扶贫补助的完善以及加大生态监管绩效奖惩力度来论述如何完善资金的分配。

① 漆多俊．经济法学（第二版）［M］．北京：高等教育出版社，2010：101.

一、重点补助、引导性补助的完善

因素分配法是政府财政常用的资金分配方法，一般按照地方相关因素设置相应的分支和权重（占比），以此设计公式进行测算并得出不同地区或者不同项目的资金指标数。在重点生态功能区资金分配中，因素分配法扮演了重要角色。根据2019年《重点生态功能区转移支付办法》的规定，重点补助和引导性补助采用因素分配法进行分配。笔者认为，加强重点性补助和引导性补助的分配管理重点在于精准确定影响分配的因素，可以从以下几个方面进行完善。

（一）以生态保护红线作为选取客观因素和确定相关生态功能区面积的重要参考

2011年10月17日国务院发布了《国务院关于加强环境保护重点工作的意见》[①]，该意见在全国首次提出了“生态红线”。同年12月15日印发的《国家环境保护“十二五”规划》也做了类似的规定。[②] 国务院的这两份文件确立了我国生态红线制度的雏形。2014年修订通过的《中华人民共和国环境保护法》正式将生态保护红线写入到法律条文中。[③] 2017年6月5日印发的国家《生态保护红线划定指南》要求将生态功能极重要区域和极敏感区域纳入生态保护红线。生态红线的提出将人类活动限定在生态自动调节修复的限度内，以此促进生态环境可持续发展目标的实现。

2019年1月23日，《关于建立国土空间规划体系并监督实施的若干意见》通过，该意见要求构建“五级三类”国土空间规划体系，将主体功能区规划、土地利用规划、城乡规划等空间规划融合为统一的国土空间规划，实现“多规合一”，强化国土空间规划对各专项规划的指导约束作用。同年3月5日，习近平总书记强调：“要坚持底线思维，以国土空间规划为依据，把城镇、农

---

① 《国务院关于加强环境保护重点工作的意见》，关于生态红线的规定为：“国家编制环境功能区划，在重要生态功能区、陆地和海洋生态环境敏感区、脆弱区等区域划定生态红线，对各类主体功能区分别制定相应的环境标准和环境政策。”

② 《国家环境保护“十二五”规划》，关于生态红线的规定为：“在重点生态功能区、陆地和海洋生态环境敏感区、脆弱区等区域划定生态红线。”

③ 《中华人民共和国环境保护法》第29条规定：“国家在重点生态功能区、生态环境敏感区和脆弱区等区域划定生态保护红线，实行严格保护。”

业、生态空间和生态保护红线、永久基本农田保护红线、城镇开发边界作为调整经济结构、规划产业发展、推进城镇化不可逾越的红线”。

西部地区一直积极推动生态保护红线划定工作的开展。例如，贵州省作为中国国家生态文明试验区，2018 年率先在全国开展生态保护红线划定工作，发布《贵州省生态保护红线管理暂行办法》。在生态保护红线格局方面，贵州设置“一区三带多点”。“一区”即武陵山—月亮山区，主要生态功能是生物多样性维护和水源涵养；“三带”即乌蒙山—苗岭、大娄山—赤水河中上游生态带和南盘江—红水河流域生态带，主要生态功能是水源涵养、水土保持和生物多样性维护；“多点”即各类点状分布的禁止开发区域和其他保护地。生态保护红线功能区分为五大类，分别包括：水源涵养功能生态保护红线、水土保持功能生态保护红线、生物多样性维护功能生态保护红线、水土流失控制生态保护红线和石漠化控制生态保护红线。又如，《广西壮族自治区生态保护红线划定方案》（以下简称《划定方案》）也于 2018 年通过专家组的论证审查。《划定方案》确定广西全区生态保护红线面积为 6.276 万平方公里，占全区管辖面积的 25.68%，保护范围基本格局为“两屏四区”。[①] 目前西部各地《重点生态功能区转移支付办法》确定的补助范围十分有限，一些具有重要生态价值的区域没能纳入其中，在基层难以获取类似“森林覆盖率”等重要因素的权威数据，生态保护红线划定为科学确定补助范围、准确选取重要因素、合理确定数据和权重提供了重要契机，有力促进重点生态功能区转移支付资金分配的完善。

（二）石漠化防治因素补助额测算方式中增加石漠化治理成本因素

岩溶生态环境系统的脆弱性主要是特殊的水文地质造成的，加上人类不合理的经济活动，使原本脆弱的生态地质环境更加恶化。由于各县石漠化分布、形势、面积、地势、治理的难度各异，石漠化治理的成本也各不相同。因此，

---

① 《广西壮族自治区生态保护红线划定方案》规定：“两屏”为桂西生态屏障和北部湾沿海生态屏障，主要生态功能是水源涵养、生物多样性维护和海岸生态稳定。“四区”即桂东北生态功能区（包括都庞岭、越城岭、萌渚岭山地）、桂西南生态功能区（西大明山地）、桂中生态功能区（包括大瑶山地）、十万大山生态保护区，主要生态功能为水源涵养、生物多样性维护和水土保持。此外，生态保护红线还包括桂东南云开大山地、西江上游源头区等。

在测算石漠化防治因素补助额时不仅要以石漠化面积为重要依据，石漠化治理成本也应成为重要的测算因素，且成本的核算需要客观、科学、准确的数据支撑。笔者认为可以从以下几个方面考虑。

首先，明确建设内容及规模。石漠化治理的建设内容包括：植被管护、封山育林、人工造林、人工种草、修建畜舍和运动场、修建青贮池、购买切草机、沃土工程、坡改梯、人间道、山塘、水轮机灌站、排灌渠、排涝渠、河堤整治、农田防护堤、拦水坝、配套水利渠道、砌墙保土、田埂防渗改造、灌溉渠。

其次，考虑监测成本。采用遥感技术对重点生态功能区县域岩溶土地进行全面监测，了解区域石漠化状况及相关生态因子动态变化。在治理的小流域范围内布设固定监测点，调查地貌类型、基岩裸露度、土壤种类、土壤厚度、土地利用类型、植被种类、植被综合盖度、石漠化程度等因子，设置固定标准地监测水土流失情况，建立监测点基本信息数据库。

最后，项目实施单位提供具体的成本核算信息，包括运输、水、电、人工、土地等的成本。协助单位如发展和改革局、林业局、水利局、水产畜牧兽医局、财政局等负有提供成本核算相关信息的义务。

总之，石漠化防治因素分配法的设计应当有助于增加有林地面积和林草植被综合盖度，有利于产生水土保持、保土保肥、固碳释氧效益。

（三）重点补助、引导性补助的增量补助中增加民族自治地方补助额

如上文所述，当前重点生态功能区转移支付延续了分税制“一刀切”的资金分配方式，中央并未对民族自治地方给予特殊照顾，其直接后果就是民族自治地方的社会公共服务供给能力大幅度下降，与全国平均水平的差距拉大。为了充分发挥重点生态功能区转移支付资金的作用，提升民族自治地方建设重点生态功能区的能力，在分配资金时应当正视民族自治地方的特殊性，在重点补助、引导性补助的增量补助中增加民族自治地方因素并科学设计补助系数。其一，由于民族自治地方民族文化风俗差异很大，且大部分地处边疆，多个民族跨境而居，民族间宗教信仰、语言文字各不相同，地方政府管理本区域的行政事务时成本更高，维护民族团结、社会稳定与国家统一的压力更大，增加的管理成本应当纳入因素分配法测算的范围；其二，由于民族自治地方大多处于

不发达或欠发达地区，自然环境较差，交通不便，信息不灵，技术人才缺乏，经济基础薄弱，市场发育相对不完善，企业竞争能力不高，产业结构和产品结构不合理，发展地方经济的成本相对较高，财政收入能力相对较弱。[①] 因此，较高的经济发展成本和较弱的财政收入能力也应当纳入因素分配法测算的范围。综上所述，民族自治地方因素应具体包括特殊地理环境、民族构成、文化习俗、人口数量（依据少数民族人口总数、少数民族人口占总人口的比重以及少数民族种类数的不同而有所区分）、行政面积、边境线长度、教育状况和地方财政支出能力、需求等内容，在设计补助系数时也应当根据不同因素的特点灵活安排。

此外，考虑在产业准入负面清单的执行过程中，淘汰落后产能、关闭生产工艺落后和"三废"排放不达标企业、对企业进行生态化改造等都需要花费大量资金，"环境监测"对国家重点生态功能区转移支付资金绩效评估至关重要，但当前这项工作的顺利开展缺经费、少设备、乏人才，西部各地应当尽快将这些建设重点生态功能区不可或缺的成本纳入因素范围并合理确定权重。

二、生态扶贫补助的完善

生态扶贫补助资金设立的目的是将生态保护和脱贫攻坚有机结合，探索一条互利共赢的绿色发展之路。重点生态功能区大多分布在贫困地区，面对生态保护和脱贫攻坚这两大难题，生态扶贫的创新和发展显得尤为重要。近年来，虽然生态扶贫取得一定成效，但实践中暴露出的问题也不少，如生态护林员补助资金缺口大，生态产业发展投入不足等，这些问题一定程度上制约着重点生态功能区县生态保护和脱贫工作的开展。为了更好地发挥生态扶贫的作用，笔者提出以下完善建议。

（一）生态护林员补助资金分配的完善

从上文论述可知，广西一些重点生态功能区护林员补助资金目前面临的缺口较大，生态护林员补助资金少但森林管护工作量大。这不仅增加地方政府护林员招聘工作的难度，而且补助资金的短缺也影响政府开展相关工作的质量，

① 王倩倩．中央与民族自治地方财政关系研究［M］．大连：东北财经大学出版社，2012：163.

比如由于资金不足，无法选聘年轻力壮的生态护林员，也无法保证生态护林员培训工作的质量，生态护林员综合素质参差不齐不利于森林管护工作的开展。这些问题在西部其他省、自治区同样存在。因此，加大生态护林员补助资金的投入力度，规范补助资金的分配，对于当前生态环境保护和巩固脱贫攻坚成果意义重大。笔者认为，可以从以下几方面完善生态护林员补助资金的分配：其一，建立健全财务管理和会计核算制度，设置转账核算，并设立“生态护林员补助资金”明细会计科目，做到专款专用，安全运行；其二，规范生态护林员报酬的发放，生态护林员遴选完成后，经县林业、财政、扶贫等部门审核后，及时将生态护林员劳务补助资金分配到各乡镇，确保按时足额发放，固定发放时间，统一采用“一卡通”的发放形式；其三，为有效落实生态护林员人身意外保险、简易巡护装备、培训等经费，为生态护林员野外巡护工作提供足够的安全保障，应当在分配资金时明确规定购买人身意外保险、巡护装备以及用于培训的资金比例；其四，生态护林员劳务补助标准应以个人为单位，以管护面积大小确定劳务补助发放的多少；其五，建立奖惩制度，生态护林员考核分数在规定标准以上的，除按规定的时间发放工资以外，还应给予适当的奖励，但如果生态护林员在承包管护期间有违规行为的，扣发当月基本劳务费，并解除承包管护合同，予以辞退。

（二）在分配方法中增加生态产业扶贫补助

生态护林员补助是一种“输血式扶贫”方式，容易助长贫困户对国家的依赖、在思想上不愿主动脱贫，一旦贫困户不再担任护林员，整个家庭可能面临再次返贫的困境。与生态护林员补助相比，生态产业扶贫是一种“造血式扶贫”方式，是把生态产业发展和精准扶贫有效结合起来，是将绿水青山变为金山银山，实现生态效益、经济效益和社会效益三赢的最有效的手段。由此，笔者认为，应当充分发挥重点生态功能区转移支付资金的示范和引领作用，将资金更多投入到生态扶贫产业领域，引导扶持生态产业的发展。因为一旦生态产业发展效果显现，不仅可以安排更多的贫困人口就业，而且可以吸引大量的专项资金和社会资金投入，从而促进生态产业规模化发展，达到多赢效果。然而当前无论是中央还是广西《重点生态功能区转移支付办法》，都未对生态产业扶贫投入做出相关规定。因此，笔者建议应当在重点生态功能区转移支付资金分配方法中增加生态产业扶贫补助，与重点补助、引导性补助、禁止开发补助、生态护林员补助、生态监管绩效奖惩资金分配方法并列，以便提高生态扶贫的效益。

补助范围应当结合产业准入负面清单来确定。鼓励建设依托当地生态环境资源、构建新型农业经营体系、提升生态特色农业质量、采取“公司+合作社+农户”的产业化经营模式的生态产业，有助于推动农业增效、促进农民增收。补助范围还应将进行生态化改造的限制类工业产业纳入其中，鼓励通过技术创新或引进先进的清洁生产技术和工艺，对原有产业和园区进行生态化改造，推动园区向专业化、特色化、生态化发展。

既然属于生态扶贫补助，那么生态产业扶贫补助因素及权重的设计应当将扶贫的指标和效果纳入其中。各县财政安排的生态产业扶贫补助资金应主要采取因素法分配，资金分配的因素及权重可根据当年扶贫开发工作重点、本地脱贫攻坚规划、年度扶贫开发工作任务和实施计划自主安排使用。地方政府要充分发挥重点生态功能区转移支付资金的引导作用，统筹整合相关财政涉农资金，提高资金使用精准度和有效性。

三、生态监管绩效奖惩资金分配的完善

（一）加大奖惩力度

如前文所述，基于当前生态监管绩效奖惩效果不明显，绝大多数地方政府既不敢放任生态环境恶化，又不肯主动加大力度治理生态环境，安于守住县域生态环境质量考核底线的状态，大大降低了重点生态功能区转移支付资金的使用效益。“斯金纳强化激励理论”告诉我们，当人们采取某种行为时，能从他人那里得到某种令其感到愉快的结果，这可以成为推进人们趋向或重复此种行为的力量，这是正强化；而负强化是通过某种不符合要求的行为所引起的不愉快的后果，对该行为予以否定，若行为主体能按所要求的方式行动，就可减少或消除令人不愉快的处境，从而也增大了行为主体符合要求的行为重复出现的可能性。[①] 根据这套理论，如果那些资金使用成效显著的地方政府的行为不断

① 郭丽岑．借鉴斯金纳强化理论对基层公务员职业倦怠的研究［J］．管理观察，2019（24）．

得到肯定，并因此获得所期待的奖励，而那些违规使用资金或使用效率低下的行为受到严厉的惩罚，那么地方政府便会不断趋向积极履行权利义务以持续改善生态环境。因此，为了避免地方政府对生态环境保护产生消极保守的态度，鼓励高效利用资金的行为，应当严格按照绩效考评结果分配绩效奖惩资金，一方面，专设绩效奖惩基金，加大奖励力度；另一方面，增加惩罚金数额，加重对不履行以及违反义务行为的责任，当地方政府从事违规行为所获得的利益远远低于惩罚资金时，会更倾向于优先保护生态环境。

（二）明确绩效奖惩资金分配的标准

其一，西部地方政府应当与中央保持一致，尽快将“生态扶贫工作成效”纳入绩效奖惩资金分配标准。根据《中央对地方重点生态功能区转移支付办法》和西部地方政府出台的《重点生态功能区转移支付办法》的规定，可以看出，当前中央和西部部分地方政府关于绩效奖惩资金分配的标准的规定不一致，中央的标准是：“对考核评价结果优秀的地区给予奖励。对生态环境质量变差、发生重大环境污染事件、实行产业准入负面清单不力和生态扶贫工作成效不佳的地区，根据实际情况对转移支付资金予以扣减。”西部地区部分地方政府，如广西的标准是：“对考核评价结果优秀、生态环境明显改善、严格实行产业准入负面清单的市县，适当增加转移支付。对非因不可控因素而导致生态环境恶化、发生重大环境污染事件、实行产业准入负面清单不力的地区，根据实际情况对转移支付资金予以扣减。”广西并没有将“生态扶贫工作成效”纳入绩效奖惩资金分配标准。考虑到生态扶贫是落实中央“利用生态补偿和生态保护工程资金使当地有劳动能力的部分贫困人口转为护林员等生态保护人员”要求以及习近平总书记在山西主持召开的深度贫困地区脱贫攻坚座谈会精神的重要举措，地方应当与中央保持一致，尽快将“生态扶贫工作成效”纳入绩效奖惩资金分配标准。

其二，增加相应的评价指标和评价项目并分别确定分值，增强实践操作性，提高分配标准的公信力。“考核评价结果”是实施绩效奖惩的重要依据，目前西部各地主要通过国家重点生态功能区县域生态环境质量监测评价与考核工作获得这一结果，考核指标体系将保护结果与保护过程评价相结合，其中保护结果评价运用技术指标评价县域生态环境质量，保护过程评价采用监管指标对生态环境保护管理、局部自然生态变化和人为因素引发的突发环境事件、生态违法案件等进行评价。除“考核评价结果优秀”之外，中央和西部各地《重点生态功能区转移支付办法》中还提到了“生态环境明显改善”“严格实行产业准入负面清单”“生态扶贫工作成效显著”“对非因不可控因素而导致生态环境恶化”“发生重大环境污染事件”“实行产业准入负面清单不力”“生态扶贫工作成效不佳”等分配标准，但并未给出细化明确的评价指标、评价项目和分值，在实践操作的过程中弹性较大、不容易准确把握。因此，笔者建议，可以将这些模糊的分配标准融入保护结果评价和保护过程评价之中，增加相应的评价指标和评价项目并分别确定分值，增强实践操作性，提高分配标准的公信力。

其三，完善配套制度，为制定科学准确的绩效奖惩资金分配标准提供保障。生态环境主管部门应加强对第三方运维和检测机构数据质量的检查，确保数据“真、准、全”；积极推进省控环境空气、地表水（含集中式饮用水水源地）、土壤环境质量监测点位以及污染源企业监测数据与中国环境监测总站环境监测数据平台系统联网，实现监测数据实时传输；提高第三方检测机构的专业技术水平和监测能力，加强专业人员配备，规范监测程序及监测报告。

第三节　优化资金的使用

本节主要从资金使用方式、使用目标、使用依据等方面论述如何优化资金的使用。

一、资金使用方式的优化

资金使用方式的优化是指按照不同类型的生态功能区的特点和需要来安排资金的使用。西部各省区重点生态功能区的类型各不相同，每一种类型的生态功能区都有各自的特点，生态保护与建设规划的要求也各不相同，在安排资金使用时应当区别对待。下文主要以“桂黔滇喀斯特石漠化防治”“南岭山地森林及生物多样性”“水源涵养生态功能区”和“水土保持生态功能区”四种类型为例，详细论述资金使用方式如何优化。

（一）桂黔滇喀斯特石漠化防治生态功能区县资金使用的重心

桂黔滇喀斯特石漠化防治生态功能区属水源涵养型重点生态功能区，主体功能定位是：以区域植被保护与恢复为主体的石漠化生态综合治理和生物多样性保护。因此，重点生态功能区转移支付资金在这一区域使用的重心是：其一，区域综合治理应当依托区域内的自然环境资源，积极保护与恢复植被资源，提高森林覆盖率，防止水土流失，有效减缓遏制石漠化发展进程，建设重要生态安全屏障。其二，生态保护恢复区应当根据桂黔滇石漠化片区的战略定位、资源环境、社会经济发展现状，以及所面临的发展机遇，加强珠江、长江上游重要生态安全屏障建设，加大森林植被、天然湿地、水域等生态功能脆弱区及生物多样性保护力度，加大各类自然保护区、森林公园、湿地公园建设力度，着力打造经济与生态防护功能兼顾的保护恢复建设模式。[①]

（二）南岭山地森林及生物多样性生态功能区县资金使用的重心

按照《全国主体功能区规划》，南岭山地森林及生物多样性生态功能区属于水源涵养型重点生态功能区，主体功能定位主要涉及西部广西壮族自治区重要的水源涵养区、亚热带常绿阔叶林集中分布区和生物多样性保护保存重点区域、人与自然和谐相处的生态文明示范区。由此，重点生态功能区转移支付资金在这一区域的使用重心是：其一，水源涵养功能区应当继续实施长江防护林、珠江防护林、退耕还林、封山育林和荒山造林等工程，实施低效林改造、中幼林抚育，提高森林质量，保护自然植被，禁止过度放牧、无序采矿、毁林开荒等行为。保护和恢复湿地，加强小流域治理和植树造林。减少面源污染。加快产业结构转变，发展生态旅游、油茶和茶叶等经济林、林下经济等特色产业，实施人口易地安置，促进林农增收致富。其二，生物多样性保护区应当大力推进长江防护林、珠江防护林、退耕还林、封山育林和荒山造林、野生动植物保护和自然保护区建设等工程，通过实施低效林改造和中幼林抚育提高森林

---

① 国家林业局．国家重点生态功能区生态保护与建设规划［M］．北京：中国林业出版社，2017：353－354.

质量，维护和重建山地森林生态系统。通过禁止对野生动植物进行滥捕滥采和保护自然生态走廊和野生动物栖息地促进自然生态系统恢复，保持野生动植物种和种群平衡，实现野生动植物资源良性循环和永续利用。加强外来入侵物种管理，防止外来有害物种对生态系统的侵害。推进国家禁止开发区核心区人口易地搬迁。改善林农生产生活环境。其三，水土流失控制区应加强对能源和矿产资源开发及建设项目的监管，加大矿区环境整治修复力度，继续实施石漠化综合治理、沙化土地治理、地质灾害综合治理工程，“三化”草地得到有效控制，最大限度地减少人为因素造成新的水土流失。实施人工造林、低效林改造、中幼林抚育，增加森林面积，提高森林质量。发展油茶等经济林、林下经济和中药材等生态产业，改善林农生产生活条件。①

（三）水源涵养生态功能区县资金使用的重心

水源涵养生态功能区的主要生态问题：人类活动干扰强度大；生态系统结构单一，生态系统质量低，水源涵养功能衰退；森林资源过度开发、天然草原过度放牧等导致植被破坏、水土流失与土地沙化严重；湿地萎缩、面积减少；冰川后退，雪线上升。其生态保护主要方向：（1）对重要水源涵养区建立生态功能保护区，加强对水源涵养区的保护与管理，严格保护具有重要水源涵养功能的自然植被，限制或禁止各种损害生态系统水源涵养功能的经济社会活动和生产方式，如无序采矿、毁林开荒、湿地和草地开垦、过度放牧、道路建设等。（2）继续加强生态保护与恢复，恢复与重建水源涵养区森林、草地、湿地等生态系统，提高生态系统的水源涵养能力。坚持自然恢复为主，严格限制在水源涵养区大规模人工造林。（3）控制水污染，减轻水污染负荷，禁止导致水体污染的产业发展，开展生态清洁小流域的建设。（4）严格控制载畜量，实行以草定畜，在农牧交错区提倡农牧结合，发展生态产业，培育替代产业，减轻区内畜牧业对水源和生态系统的压力。②

（四）水土保持生态功能区县资金使用的重心

该类型区的主要生态问题：不合理的土地利用，特别是陡坡开垦、森林破

---

① 国家林业局．国家重点生态功能区生态保护与建设规划［M］．北京：中国林业出版社，2017：248－249.

② 参见环境保护部、中国科学院发布的《全国生态功能区划》（2015年修编版）.

坏、草原过度放牧，以及交通建设、矿产开发等人为活动，导致地表植被退化、水土流失加剧和石漠化危害严重。其生态保护的主要方向：（1）调整产业结构，加速城镇化和新农村建设的进程，加快农业人口的转移，减轻人口对生态系统的压力。（2）全面实施保护天然林、退耕还林、退牧还草工程，严禁陡坡垦殖和过度放牧。（3）开展石漠化区域和小流域综合治理，协调农村经济发展与生态保护的关系，恢复和重建退化植被。（4）在水土流失严重并可能对当地或下游造成严重危害的区域实施水土保持工程，进行重点治理。（5）严格实行资源开发和建设项目的生态监管，控制新的人为水土流失。（6）发展农村新能源，保护自然植被。①

二、资金使用目标的优化

重点生态功能区转移支付资金的使用应当明确以保护生态环境为主，其他目标为辅，改善民生应当以保护生态环境为前提。在资金有限的情况下，重点生态功能区转移支付资金应当将使用的重心放在保护生态环境的初衷上，这一点在《中央对地方重点生态功能区转移支付办法》和西部地方政府出台的《重点生态功能区转移支付办法》中都能得到证实，鉴于前文已有详细论述，在此不再赘述。资金用于改善民生也应该以有助于保护生态环境为前提，集中力量使用资金成效更加显著，否则，就会导致资金使用过于分散，分散在各个领域的资金杯水车薪，难以实现保护生态环境的目标。以下以广西金秀县和马山县为例加以详细说明。

金秀县是以林业为主的山区县，林木区划为公益林后，对原来依靠林木为主要经济收入来源的林农来说，目前国家每亩每年 15 元的管护补偿标准（国有林场仅为每亩每年 8 元），远远解决不了山区群众生活出路的实际困难。“十三五”时期，全县共有贫困村 28 个、贫困户 8688 户、贫困人口 3.23 万人，这些贫困人口多数分布在水源林保护区周边地区，保护区的产业发展项目选择越来越少，自然基础条件差，发展空间小，抵御自然灾害能力较弱，行路难、饮水难、用电难、上学难、就医难、居住条件差等问题十分突出。据测

① 参见环境保护部、中国科学院发布的《全国生态功能区划》（2015 年修编版）.

算，补偿标准需提高到每亩每年 50 元以上，才能较好维护公益林所有者的合法权益，并形成激励机制，调动林权所有者保护和管理公益林的积极性。按每亩 50 元计算，全县 181.48 万亩重点公益林的生态效益每年要给予补偿 9074 万元，与当前补贴标准相比缺口 7000 万元左右。此外，禁伐天然林及实行公益林补偿机制后，经营方式改变，国有林场中一直靠伐木来维持生活的 480 名职工（其中在职 140 人、退休 340 人）没有了生活来源，在 2018 年纳入财政供养，每年地方财政需增加支出 1542 万元。[①] 由此可见，林农和国有林场职工为履行保护生态环境的义务付出很大的代价，按照权利义务对等原则，在使用重点生态功能区转移支付资金时应当充分考虑这部分人为履行保护生态环境的义务而牺牲的经济利益，想方设法改善民生，破解生态保护与林农利益间的矛盾，否则，按照现有的方式进行补偿难以达到预期的效果且不可持续。此外，若严格执行产业准入负面清单制度，金秀县的经济发展势必受到负面清单很多的限制。如果施行产业准入负面清单制度而牺牲的利益得不到合理补偿，就会影响这项制度实施的效果和可持续性。因此，在使用重点生态功能区转移支付资金时，应当充分发挥这笔资金鼓励产业转型升级的引导示范作用，因地制宜大力支持林下经济和中药材等生态产业的发展。发展林下经济一方面具有固化土壤、强健树根、提高水土保持能力、加强蓄水能力的作用，另一方面又能改变当地人以砍柴为生、破坏环境的传统生活方式，还能利用“林下经济”的发展提供更多的就业岗位，解决当地贫困人口的就业问题。既改善了民生，又促进了生态环境的保护，能够更好地实现变“绿水青山”为“金山银山”的目标。

马山县是国家扶贫开发工作重点县、滇桂黔石漠化治理片区县，石山面积占全县总面积的 56.3%，尤其是东部的 5 个乡镇基本都以石山地形为主，生存环境恶劣，生产基础薄弱，脱贫攻坚任务十分艰巨。因此，当地石漠化治理刻不容缓，当务之急就是改变人们破坏环境的生产生活方式，充分利用重点生态功能区转移支付资金探索一条既能发展地方经济，又能保护生态环境、促进社会和谐发展的路子。“山顶林、山腰竹、山脚果药、地上粮桑”的“弄拉模

① 数据来源于 2019 年 7 月笔者到金秀瑶族自治县财政局的实地调研。

式”立足于成功治理石漠化形成的良好生态环境，在东部大石山区构建环弄拉生态旅游区，积极探索“靠山吃山”，走经济发展与生态保护同步、人与自然和谐共生的可持续发展之路，成功把生态优势转化为经济优势，把“绿水青山”打造成为群众致富的“金山银山”，应该得到重点生态功能区转移支付资金的大力支持，这对于县域经济转型发展也能起到很好的引导示范作用。

三、资金使用依据的优化

重点生态功能区转移支付资金的使用应当受到《预算法》的约束。《中华人民共和国预算法》第7条规定，地方各级一般公共预算包括转移支付预算。重点生态功能区转移支付属于一般性转移支付，可以由下级政府统筹安排使用，但无一例外地要受《预算法》的约束。主要体现在以下几个方面。

（一）重点生态功能区转移支付资金的支出必须以经批准的预算为依据

根据《中华人民共和国预算法》第13条[①]、38条[②]的规定，重点生态功能区转移支付的支出必须以经批准的预算为依据，未列入预算的不得支出。这意味着，县级政府接到自治区下达的重点生态功能区转移支付资金之后，必须组织各部门、各单位编制资金使用预算，经过本级人民代表大会批准后作为资金支出的唯一依据。笔者认为，在编制资金使用预算时，可以从两个方面加以完善。

第一，重点生态功能区转移支付资金的预算支出安排应当与以“国家重点生态功能区县域生态环境质量监测评价与考核指标体系”为核心的资金使用绩效考核标准衔接。具体见表5－1和表5－2。

---

① 《中华人民共和国预算法》第13条规定，各级政府、各部门、各单位的支出必须以经批准的预算为依据，未列入预算的不得支出。

② 《中华人民共和国预算法》第38条规定，一般性转移支付应当按照国务院规定的基本标准和计算方法编制。县级以上各级政府应当将对下级政府的转移支付预计数提前下达下级政府。地方各级政府应当将上级政府提前下达的转移支付预计数编入本级预算。

表 5-1　国家重点生态功能区县域生态环境质量监测评价与考核指标体系①

指标类型	指标名称	指标说明
生态功能	植被覆盖指数	水土保持、防风固沙特征指标，表征区域生态功能
	水源涵养指数	水源涵养功能特征指标，表征区域生态功能
	生物丰度指数	生物多样性维护特征指标，表征区域生态功能
	生态保护红线等受保护区域面积比	表征区域生物多样性保护状况
生态结构	林草地覆盖率	水土保持、防风固沙类型特征指标，表征区域生态空间
	林地覆盖率	水源涵养、生多样性维护类型特征指标，表征区域生态空间
	草地覆盖率	
	水域湿地面积比	共同指标
生态胁迫	耕地和建设用地比例	表征对自然生态系统占用以及自然生态胁迫，共同指标
	中度及以上土壤侵蚀面积比	水土保持类型特征指标
	沙化土地面积比	防风固沙类型特征指标
环境质量	土壤环境质量指数	四类功能区共同指标
	Ⅲ类及优于Ⅲ类水质达标率	
	优良以上空气质量达标率	
	集中式饮用水水源地水质达标率	

表 5-2　国家重点生态功能区县域生态环境质量监测评价项目分值②

评价项目	分值
1. 生态保护成效	20 分
1.1 生态环境保护创建与管理	5 分
1.2 国家级自然保护区建设	5 分
1.3 省级自然保护区建设及其他生态创建	5 分
1.4 生态环境保护与治理支出	5 分

①② 数据来源于广西生态环境厅监测处。

续表

评价项目	分值
2. 环境污染防治	40分
2.1 污染物排放达标率与监管	10分
2.2 污染物减排	10分
2.3 县域产业结构优化调整	10分
2.4 农村环境综合整治	10分
3. 环境基础设施运行	20分
3.1 城镇生活污水集中处理率与污水处理厂运行	8分
3.2 城镇生活垃圾无害化处理率与处理设施运行	8分
3.3 环境空气自动站运行与联网	4分
4. 县域考核工作组织	20分
4.1 考核工作组织情况	5分
4.2 考核工作实施情况	5分
4.3 环境监测规范性情况	10分
合　计	100分

重点生态功能区转移支付资金使用的绩效评估内容包括生态环境质量的好坏、是否发生重大环境污染事件、实行产业准入负面清单是否得力以及生态扶贫工作的成效。其中，“生态环境质量的好坏”和“是否发生重大环境污染事件”都可以通过国家重点生态功能区县域生态环境质量监测评价与考核指标体系来评估。因此，如能将重点生态功能区转移支付资金的预算支出安排与以“国家重点生态功能区县域生态环境质量监测评价与考核指标体系”为核心的资金使用绩效考核标准相衔接，那么就能保证资金使用有的放矢、“钱花在刀刃上”。

第二，通过优化县域经济发展考核指标体系优化重点生态功能区转移支付资金的预算支出安排。

县域经济发展考核指标体系是财政资金预算支出安排的指挥棒，因为考核的结果直接影响到绩效考评、干部年度考核、项目建设、土地指标、资金安排、招商引资、干部使用、干部培训等利益攸关的事项。因此，通过优化县域经济发展考核指标体系，可以达到优化重点生态功能区转移支付资金的预算支出安排的效果。根据2017年7月广西壮族自治区党委办公厅和自治区人民政府办公厅印发的《关于加强县域经济发展分类考核的意见》对于广西县域经济发展分类考核指标及权数的设计，由于不同区域的功能定位、发展方向和考核重点各有不同，重点开发区、农产品主产区、重点生态功能区和城市主城区4类区域采用相同的指标、不同的权数进行分类考核。指标分为“经济发展与结构优化”“农业及示范区建设”“工业及产业园区发展”“服务业及特色旅游发展”“城乡发展”“生态建设与环境保护”6大类。其中，重点生态功能区各项指标的权数详见表5－3。

表5－3　广西重点生态功能区县经济发展分类考核指标及权数①

指　标	重点生态功能区权数（%）
一、经济发展与结构优化	16
1. 地区生产总值及增速	0
2. 固定资产投资及增速	7
3. 税收收入及增速	0
4. 进出口和利用外资总额及增速	1
5. 城乡居民人均可支配收入及增速	6
6. 财政风险控制	2
二、农业及示范区建设	18
7. 农林牧渔业增加值及增速	6
8. 示范区认定数量	9
9. 示范区总产值及增速	3
三、工业及产业园区发展	10
10. 工业增加值及增速	2
11. 园区发展	5
12. 园区后劲	2
13. 园区服务	1
四、服务业及特色旅游发展	29
14. 服务业增加值及增速	6
15. 特色旅游与全域旅游	14
16. 旅游人数及总消费	9

① 数据来源于广西发改委。

续表

指　　标	重点生态功能区权数（%）
五、城乡发展	10
17. 常住人口城镇化率	3
18. 宜居城市（县城）建设	3
19. 特色小（城）镇建设	2
20. 美丽乡村建设	2
六、生态建设与环境保护	17
21. 污水垃圾处理	5
22. 环境空气和水质量	5
23. 万元地区生产总值能耗	2
24. 森林覆盖率	5
合　计	100

从表中的信息可知，生态建设与环境保护的权数只占17%。笔者在调研的过程中了解到，一些重点生态功能区县职能部门的领导认为生态建设与环境保护的权数偏低，在县域经济考核中他们仍然面临GDP考核的压力，这势必会影响重点生态功能区财政转移支付资金使用的安排。为此，笔者建议，对重点生态功能区县可参考绿色GDP的考核指标，并对照国家重点生态功能区县域生态环境质量监测评价与考核指标体系，对现有考核指标及权数进行调整。

（二）预算支出必须公开

《中华人民共和国预算法》第14条虽然规定预算支出必须公开，但这一规定并未明确公开的程度和标准，导致实践中西部重点生态功能区转移支付资金预算透明度整体水平较低、各县透明程度差异较大、公开的预算信息比较粗糙、向公众展示的只是各大类的预算资金、政府选择性公开现象突出，这直接影响到资金的使用效果。十九大报告提出要建立全面规范透明、标准科学、约束有力的预算制度。预算资金公开透明运作是保证资金公平公正使用的前提，也是现代财政制度的重要特征，更是法治政府的必然要求。为了改变现状，应当尽快完善《预算法实施条例》，对信息的完整性、真实性、准确性提出有针对性的具体标准，使预算信息公开有法可依，让法律的约束成为政府公开预算信息的动力，在保障公民知情权的同时有效提升预算资金的使用效率。此外，还可以利用门户网站、互联网 APP、微博微信等多方媒体渠道公布预算信息，利用互联网的政务平台建设加强政府与社会的沟通，接受全社会的监督。

（三）加强资金使用的绩效评价考核

在资金有限的情况下，绩效管理显得尤为重要，科学准确的资金使用绩效评价考核是提升资金使用绩效、发挥有限资金最大效益的重要保障。《中华人民共和国预算法》第 57 条规定，各级政府、各部门、各单位应当对预算支出情况开展绩效评价。财政部制定《中央对地方重点生态功能区转移支付办法》第 10 条规定，绩效考核奖惩资金对象为重点生态县域，应当根据考核评价情况实施奖惩。实践中财政部会同环境保护部等对限制开发等国家重点生态功能区所属县进行生态环境监测与评估，并根据实行产业准入负面清单是否得力、生态环境质量的好坏、是否发生重大环境污染事件，以及生态扶贫工作成效等综合评估结果采取相应的奖惩措施。采取激励约束措施后，各地实际享受的转移支付用公式表示为：某省国家重点生态功能区转移支付实际补助额=该省国家重点生态功能区转移支付应补助额±奖惩资金。

为了更好地落实《中华人民共和国预算法》和《中央对地方重点生态功能区转移支付办法》的规定，西部重点生态功能区县还需进一步加强资金使用前期设定、中期监控与事后评价全过程的绩效评价考核工作。无论是前期设定、中期监控，还是事后评价，都应建立在信息化管理的基础上，通过引入大数据、区块链等技术手段，将资金的预算分配、支出项目、补助对象、补助程序、评价结果等多项内容汇总公开，保证每一笔财政资金都可以追踪，花出去的每一分钱都有痕迹。

第四节　健全资金的监管

健全的资金监管体系应当是以预算监督为核心，内外结合，监管职责明确，监管内容全面，监管手段多元化，监管责任科学适当的一套体系。它是推进西部重点生态功能区转移支付法治化的重要一环。下面通过强化外部监督、优化内部监管内容、科学设计奖惩机制详述之。

一、强化外部监督

重点生态功能区转移支付资金的监管是一个系统工程，这个系统是由相互影响、相互作用和相互依赖的各个组成部分构建的体系，按监管主体是否为行政机关可分为行政内部监管和行政外部监督两个子系统。系统论认为，系统是由许多相互关联、相互作用的要素组成的，本身具有整体功能，整体功能大于各个部分的功能之和。由于构成系统的行政内部监管和行政外部监督的功能各不相同，整体提升监管水平需要有效协同各子系统的功能。重点生态功能区转移支付资金在分配、使用的过程中无一例外会接受行政内部监管，而相较于行政内部监管，外部监督更加客观中立，是健全资金监管不可或缺的一环，在信息公开的基础上，强化行政外部监督主要涵盖以下几个方面。

（一）强化立法机关的监督

立法机关对重点生态功能区转移支付资金的监督主要通过预算监督完成。优化预算监督除构建完整的预算法律体系以外，还需做好以下几点。

其一，围绕“权力制约”的基本内核。预算的制定应当通过法定的预算要素、法定的预算程序、法定的预算责任来实现控制政府支出的目的。在预算法治的语境下，经立法机关审议通过的预算本身相当于法律，具有严格的约束效力；这是各级政府及其部门在财政年度内安排各项支出的依据。

其二，构建参与式预算法律机制。公众参与是影响政治发展的重要渠道，公众参与的程度和规模是衡量社会政治现代化的一个重要尺度。① 作为以公共权力分配财政资金的重要工具，预算在公共财政体系中占据核心地位。提高公众参与预算的程度和规模并将其纳入法治化轨道，是充分贯彻预算民主、预算公开原则的重要体现，也是实现国家治理现代化目标的关键环节。参与主体的多元化、参与过程的公共性以及参与结果的效力是理性决策与民主治理的重要

---

① ［美］亨廷顿．变化社会中的政治秩序［M］．李盛平等译．北京：华夏出版社，1988：67.

特点，参与式预算法律机制的构建也应当从这几个方面着手。在参与主体方面，应当为普通公众、人大代表、知识精英、政府官员不同程度地参与预算过程提供法治保障；在参与过程中，应当为参与主体进行公开广泛讨论、围绕公共利益做出公共选择提供法治保障；在参与结果的效力方面，应当保证参与审议提出的意见会不同程度地作为修改预算草案及形成最终方案的依据。

其三，构建绩效预算法律机制。国家治理现代化要求政府能够不断对公共服务对象作出反馈，并及时调整公共管理政策，以达到公共利益最大化的目标。这一要求在财政预算领域的具体体现为：将资金的分配与资金的使用效果联系起来，使产出和结果影响甚至决定预算分配。这是绩效预算法律机制的核心内容。完整的绩效预算法律机制应当包括绩效目标的确定、绩效标准的明确、绩效评价的实施、激励约束的强化等内容。重视产出和结果能够极大地增强支出机构改善业绩的激励、有效解决社会问题、使资源分配与社会需求有机衔接，能够为预算决策提供更为理性的信息基础、提升预算管理水平、强化预算透明度和责任归属，因此，结果导向型预算模式能够更有效地实现预算治理的目标。构建绩效预算法律机制是一项庞杂的系统工程，通过建立完善的政府会计制度增强绩效信息的可靠性，通过提高绩效信息运用过程的透明度和公众参与度来强化对绩效信息运用的监督，通过事前分权与事后负责的有机结合强化绩效信息在问责环节的运用，都是这一庞杂系统工程不可或缺的环节。

除预算监督之外，还可以通过组织专项工作调查的方式强化立法机关的监督。具体做法如下：由县人大常委会办公室印发《关于开展重点生态功能区转移支付资金专项工作实施情况视察的通知》，由县人大常委会成立由常委会党组书记任组长，分管副主任任副组长，相关专工委（室）主任、部分常委会委员、部分县人大代表为成员的视察组，赴国家重点生态功能区县开展专项工作的视察工作。视察结束后，要求各视察组分别提交专项工作实施情况的视察报告。报告要实事求是地肯定各专项工作取得的成效，分析工作中存在的问题，提出对国家重点生态功能区县政府及其各职能部门今后工作的建议和改进措施。视察报告经县人大常委会全体会议审查后形成审议意见，交县政府及其各职能部门整改办理。最后，由县人大常委会会议就专项工作开展专题询问，各县县长和生态环境局、水利水产局、住建委、农业局、自然资源局等相关职能部门负责人到会应询，面对面地回答人大常委提出的关于重点生态功能区转移支付资金分配和使用的问题。

（二）强化审计监督

《预算法》第89条为强化审计监督提供了重要的法律依据。强化审计监督需做好以下几项工作。一是要提升审计人员的专业水平。审计人员的专业水平和判断能力直接决定了审核的质量。这就要求审计人员既要熟练掌握审计知识和方法，又要熟悉各类法律法规及政策，还要具备丰富的实践经验。二是要完善绩效审计评价体系。建立一套完整科学的绩效评价体系对于加强审计效果有着十分重要的作用，主要包括评价依据、经济效益评价指标、社会效益和生态效益评价指标三个方面；其中评价依据需要以法律法规和政策为依托，囊括省市要求作为绩效审计的评价依据；经济效益评价指标包括经济性指标，效益性指标和效果性指标；社会效益和生态效益评价指标主要围绕着改善民生、保护生态环境、进行生态建设等方面展开。三是要重视全过程跟踪审计。重点生态功能区转移支付资金绩效审计目前仍以事后监督为主，这种监督模式不利于及时发现问题、防患于未然，因此，不能降低所造成的损失，只能事后补救。全过程跟踪审计可以有效弥补事后监督的不足。

（三）强化司法机关监督

司法机关监督可以有效影响宏观层面的预算资金分配行为，改善微观层面的预算资金执行行为，从而促进重点生态功能区转移支付资金监管的优化。司法机关在这一领域的监督需要把握好限度，限度主要体现在司法审查范围中。

其一，司法审查范围限于确定公共政策裁量的边界，并对政府是否履行改善民生和生态环境保护的职责进行事实审查。

其二，对政府履行改善民生和生态环境保护的职责进行合理性审查并要求政府改进预算分配。改善民生和生态环境保护的权利具有被司法强制实现的可能，那么作为权利实现基础的相关预算资金分配行为和执行行为当然应该被纳入司法审查的范围。司法审查不仅涉及财政预算手段的有无，而且对预算资金分配和使用的效果做出合理性判断，从而为政府应当如何作为提供了判断标准和行动指南。

其三，对政府履行改善民生和生态环境保护的职责进行合法性审查并提出具体改革方案。既然权利被赋予强制执行的效力，那么政府的给付行为如果与法定权利相违背，就必然会被定性为一种侵权行为并受到责任追究。在承担责任的具体方式上，法院应当优先选择那些更有利于权利保障的措施。

在程序上，以改善民生和生态环境保护权利以及相应的给付义务为对象的司法审查不应受传统的诉讼主体资格的束缚，应当参照公益诉讼的程序要求，即无论原告是否与一定的公共服务供给行为具有直接利害关系，法院都可以通过审查政府主体是否合法、是否适当履行给付义务，实现对政府主体的问责并为原告提供救济。有关行政诉讼程序机制的完善，一方面可以参考《行政诉讼法》关于“发放抚恤金”“最低生活保障待遇”“社会保险待遇”的相关规定，分步骤、分阶段地进一步扩大行政诉讼的受案范围；另一方面需要完善《预算法》之外的其他法律，对作为诉讼基础的具体权利内容作出规定。①

二、优化内部监管内容

西部重点生态功能区转移支付资金的主要监管方式是绩效考评，考评的主要内容包括：县域生态环境质量监测考核结果、产业准入负面清单执行情况和建档立卡贫困人口生态护林员选聘管理工作。因此，应当从以下三个方面优化内部监管内容。

（一）完善县域生态环境质量考核工作

国家重点生态功能区县域生态环境监测数据的质量是提升县域生态环境考核工作水平的关键，当前保证生态环境监测数据的质量应当从以下几个方面入手。

其一，应当成立国家重点生态功能区县域生态环境质量考核工作领导小组，负责生态环境质量考核的日常组织领导、协调工作。在有关部门之间建立起稳定的沟通协调机制，确保考核工作顺利推进。县生态环境局根据《国家重点生态功能区县域生态环境质量考核办法》做好业务指导工作。协调性强、整合力度大的领导体制有利于克服职能碎片化和权力碎片化导致的狭隘的部门

① 陈治．实施民生财政背景下的预算法治变革［M］．法律出版社，2016：206－212.

利益主义，打破职责同构的制约，保证信息的有效沟通和资源的有效配置，进而建立高效运行的工作机制，提高法律政策的执行力和行政效率。

其二，完善数据指标及佐证资料，规范填报考核数据。各单位要按要求及时填报数据和编写自查报告，注重数据的规范性、可靠性及完整性，统计口径要一致，要特别注意提供数据的一致性与逻辑性，并将相关数据佐证材料建档备查。严格追究影响县域生态环境质量考核工作的相关人员责任。

其三，对水质、环境空气和污染源监测的全过程进行质量控制和质量保证。由县级环保监测部门或社会监测机构承担监测工作的县域、辖区市环境监测站选取点位对水、空气的部分理化监测指标进行比对监测，比对报告于每年12月前报送自治区环境监测中心站。为优化监测工作，应当取消“有监测支付凭证才计分”的规定。

其四，县生态环境局应成立考核监测数据内部审核制度，指定专人负责监测数据的审核，编写审核报告，查找报送数据存在问题，及时纠正不符合规范的项目，对超标情况进行详细说明和原因调查。

（二）优化产业准入负面清单执行监督

重点生态功能区实行产业准入负面清单是推进生态文明体制机制改革的一项重要举措。凡是列入产业准入负面清单禁止类项目一律不得准入；凡是列入产业准入负面清单限制类的项目，必须同时满足相应区域和相应行业的要求，报投资主管部门按权限审批、核准或备案后，方可准入。

产业准入负面清单对重点生态功能区县限制很多，使这些地方丧失了很多发展机会，地方财政收入也因严格执行产业准入负面清单而大幅下降。面对保护生态环境和经济保增长的双重压力，如果没有足够的补偿，地方政府和企业就缺乏执行的动力；如果产业准入负面清单制定不合理，不符合当地生态功能区的特点，那么执行的结果不但起不到生态环境保护的积极作用，反而还会起反作用。因此，产业准入负面清单执行监督应主要在“执行的损失与补偿是否匹配”“产业准入负面清单执行是否能够激发当地生态环境保护的积极性”“产业准入负面清单是否符合当地生态功能区的特点”等方面着力。为此，应加强以下几方面工作。

第一，监督重点生态功能区县是否按照当地生态功能区的特点制定产业准入负面清单，以及地方政府和企业因执行产业准入负面清单而付出的代价是否得到足够的补偿，为合理增加生态转移支付资金，弥补因执行产业准入负面清单而造成的损失提供重要参考。

第二，监督项目审批是否严格把关。主管部门必须严格按照《负面清单》的管控要求，实施项目立项、备案、审批，切实提高产业准入标准，把牢项目审批关，从源头上杜绝损坏、污染环境和生态的项目。此外，还须建立健全项目巡查、稽查等监管制度，坚决制止和防范违规建设项目。

第三，通过监督管理探索资金跨界联动激励机制的可行性，以此激发地方政府执行产业准入负面清单的积极性。具体做法是：对产业准入负面清单执行效果良好的县域和企业，增加它们获得其他专项生态转移支付的机会和数额。其他专项生态转移支付资金包括：大气污染防治资金、水污染防治资金、节能减排补助资金、城市管网专项资金、土壤污染防治专项资金、排污费支出、天然林保护工程补助经费、退耕还林工程财政专项资金、江河湖库水系综合整治资金、农业资源及生态保护补助资金、农田水利设施建设和水土保持补助资金、水利发展资金、林业生态保护恢复资金、农村环境整治资金、森林生态效益补偿资金等。奖励资金跨界联动，既解决了重点生态功能区财政转移支付资金不足的问题，又能极大调动企业和地方政府执行产业准入负面清单的积极性，大大提高生态环境保护的成效。

第四，建立实时反馈调节机制。产业准入负面清单是一个与区域发展实际紧密结合的开放系统，地区生态资源环境变化、社会整体产业升级调整、区域现有产业数额变动等都需要负面清单及时调整予以回应。当前虽然首轮负面清单已经制定，但如何使静态的负面清单在管理实践中实现实时动态更新是当务之急。应当建立起动态监管制度，避免负面清单走向固态化，切实保证产业准入负面清单与国家和自治区新出台法律、法规、政策相适应，满足本县产业结构优化升级的需要。

（三）加强生态扶贫工作监督

1. 建立严格规范的选聘考核机制

西部省区生态护林员的选聘范围应当以国家确定的重点生态功能区转移支付补助县（市、区）和国家扶贫开发工作重点县为主。选聘对象应为当地已建档立卡的贫困户，政治素质良好、无不良违法犯罪记录，身体健康、责任心强，能胜任野外巡护工作需要，年龄一般在18～60岁之间，常住当地，有相应的森林资源巡护时间保障。优先选择劳动力较少或虽有劳动力但就业途径较少的家庭，贫困程度较深的家庭、少数民族家庭、退伍军人家庭，已列入选聘当年或次年脱贫计划的贫困村、贫困户的贫困人口，户籍人口为3～5人的贫困户家庭，法律法规、国家政策规定应予优待的家庭。一户至多安排一人参与护林，以达到“聘用一人护林，带动一户脱贫”的效果。选聘要严格按照公告、自愿报名、审核、公示等程序进行。对不在选聘范围内和不符合选聘标准的生态护林员应予以调整。

生态护林员主要负责宣传林业政策法律，巡护管护区森林资源、湿地、沙地，制止并报告破坏森林资源及附属设施的行为，对发生的森林火险、林业有害生物危害情况等及时上报。各级林业主管部门和乡镇林业工作站要结合本地实际建立生态护林员考核制度，根据考核结果奖优罚劣。对生态护林员实行进退动态管理，县乡两级建立生态护林员管理档案。生态护林员实行一年一聘机制，管护工作周期为当年12月至次年11月。对自愿退出或因条件变化不符合选聘标准的生态护林员，以及不履行职责、违反协议内容、考核不合格的生态护林员，解除管护劳务协议。对空缺岗位及时补进。

2. 加强生态护林员的培训和风险保障机制

加强生态护林员培训，制定培训计划，组织开展生态护林员岗位职责、业务常识、基本工作技能、安全防护等培训，并针对生态护林员队伍特点，编制操作性强、通俗易懂的培训手册、宣传画册、工作流程图等，提升业务技能。每年培训一般不得少于规定次数，以提高生态护林员履职能力和专业化水平。

省、自治区和市、县林业主管部门要积极协调财政、金融、保监和森林保险经办机构，探索开展生态护林员保险工作，为生态护林员因履行职责或见义勇为导致伤残或死亡提供救助与补偿，建立生态护林员风险转移分散和保障机制。

3. 提高资金使用成效

从2017年起，生态护林员资金通过中央财政重点生态功能区转移支付补助下达。省、自治区林业主管部门要主动与财政部门对接、沟通协调，确保生态护林员资金落实到位。重点生态功能区县根据自治区财政下达的生态护林员补助资金金额，结合当地森林资源情况，贫困人口数量、农民意愿等实际情况，合理确定生态护林员的选聘名额及分布，并确保全部用于建档立卡贫困户，尽量带动更多的贫困人口脱贫。

省、自治区财政下达的生态护林员补助资金只能用于生态护林员的劳务补助报酬发放和部分简易装备购置、人身意外伤害保险支出，不能用于其他用途，确保专款专用。重点生态功能区县可从省、自治区财政下达的生态护林员补助资金中安排不超过规定比例的资金用于部分简易装备购置、人身意外伤害保险支出。原则上，选聘生态护林员的全年劳务补助规定最高标准和最低标准，劳务报酬一经确定，不得随意调整。

4. 加强信息化管理工作

建立省、自治区生态护林员数据库，系统、动态管理生态护林员信息，确保实时查询、及时更新，数据随时可提取、可运用。及时按质按量上报督导或调研报告，反映本省生态护林员信息年度动态变化情况的报告，反映本省、自治区该项工作进展、主要做法、成效及经验、问题和不足、政策措施的工作总结。

三、科学设计奖惩机制

（一）遵循权责统一原则

1. 权力与责任相统一

美国政治学家 G. 艾利森指出："在实现政策目标的过程中，方案的确定只占 10%，而其余的 90%取决于执行。"① 行政机关在重点生态功能区转移支付资金的拨付、分配、使用、监督过程中扮演着重要的角色，同时也肩负着重大的责任。行政机关能否依法高效行使职权，决定了转移支付的目的能否顺利实现，而权力与责任相统一原则能够有效督促行政机关依法高效行使职权。遵循这一原则，应当做好以下几方面的工作。

第一，完善领导体制。作为生态文明建设的重要内容，重点生态功能区转

① Smith T B. The policy implementation process. Policy Science, 1973, 4 (2): 203.

移支付关涉的内容广，关联的职能部门多，如果没有与权力匹配的严格的责任督促，就不可避免会使部分职能部门产生懈怠执行、选择执行、推诿责任和逃避责任等行为。不仅如此，关涉众多的政府职能部门如果没有统一的领导机构或协调机构来沟通相关信息和整合相关资源，也势必导致政府内部各职能部门各自为政，给信息和资源的深度利用带来一系列困难。针对“政府组织间过度的碎片化所导致的严重的集体行动的困境，以及关涉多方的无法由单一政府组织或部门解决的棘手问题”[①]，转移支付资金分配和使用的相应环节应完善领导体制，构建跨部门进行合作和协调的整体性机制，加强政府组织内部信息的有效沟通和行政资源的有效整合，进而通过权威性力量的输出来督促和约束下级政府与相关职能部门充分履行相应的职责。

第二，明确部门职责。目前我国行政体制改革提倡事权下沉基层，推动基层部门更多地参与公共事务管理工作，有效提高行政资源的合理配置。但是也存在本属于职能部门的职权责任向下推移给基层部门的情况。以乡镇政府为代表，这是最基层的政权机关，没有自己的工作部门或者执法权，主要任务是配合上级职能部门的工作。例如：虽然生态护林员实行“县建、乡管、村用”的管理机制，实践中由乡镇政府分管领导、林业站负责人和林业助理等人员组成的督查组，以及村两委干部和各村民小组长负责督查工作，但乡镇辖区内生态护林员未履行护林职责，乡镇政府并不能直接扣减生态护林员劳务补助，扣减劳务补助的权力由林业部门掌握，因此，林业部门行使生态护林员的管理职权效果会更好。可见，通过法律制度科学区分上下级政府和职能部门的工作内容和职责权限十分必要，上级职能部门不能将本属于自己的职权责任向下推移给乡镇政府，以此免除自身的行政责任。

第三，健全问责制度。一个有责任的政府行使权力要对人民负责并接受人民的监督。实践中，政府的权力由其工作人员来具体行使，个人私欲的存在导致腐败、渎职现象不可避免。所以要建立一套约束机制来规范和监督政府及其工作人员的行为，通过完善的责任追究与监督体系来避免环境保护工作有法不依、执法不严、违法不究甚至徇私枉法等种种不良现象的滋生，有效实施资金

---

① 曾凡军．基于整体性治理的政府组织协调机制研究［M］．武汉大学出版社，2013：24.

监管。[①] 2015 年 8 月，中共中央、国务院办公厅印发了《党政领导干部生态环境损害责任追究办法（试行）》的通知，明确了追究相关地方党委和政府主要领导成员、政府有关领导成员、政府有关工作部门领导成员责任的各类情形和追究责任的形式。目前，西部省区科学合理的领导干部生态绩效和目标责任考核评价体系尚未建立，有必要根据《党政领导干部生态环境损害责任追究办法（试行）》积极探索并出台相应的实施细则，构建由问责主体、问责对象、问责范围、问责程序组成的全面有效的问责体系。

2. 权利、义务、责任相统一

生态转移支付资金使用所涉及的对象范围广泛，不仅包括行政主体，还包括企业和个人。企业和个人在使用生态转移支付资金时享有一定权利，同时也必须履行相应的义务、承担相应的责任。以生态护林员为例，生态护林员依规享有从政府部门定期获得一定数额生态护林补助金的权利，但生态护林员并非“拿钱不办事”，在享有权利的同时必须履行护林的义务，否则应当承担相应的责任。生态护林员应当履行的义务内容体现在重点生态功能区县林业局制定的《建档立卡贫困人口生态护林员履行职责考核办法》中。以广西都安瑶族自治县为例，生态护林员应当履行的义务具体包括：（1）全年出勤率（15 分）。会议、培训等活动出勤率应为 100%。缺席或请假一次分别扣 2 分或 1 分。（2）巡山记录（10 分）。巡山记录应按照要求记录完整、清楚，内容真实可靠。记录不完整、内容不实的，每次扣 0.5 分。（3）设施保护（10 分）。维护责任区内有关林业的宣传牌、标志牌、界桩、界碑、围栏等林业设施不受破坏，林业设施没有维护好的，每次扣 1 分。（4）巡护制止（15 分）。管护责任区内发生野外违规用火未及时制止的，每次扣 1 分，酿成火警（重灾）的，扣 2 分。（5）火警（灾）履职（15 分）。管护责任区内发生火警（灾）并有失职行为性的（缺岗、未上报等情形），每次扣 2 分。（6）协助采伐管理（5 分）。责任区内全年每发生一起盗伐滥伐案件扣 0.5 分（发现并及时上报的除外）。（7）协助林地管理（10 分）。管护责任区内全年每发生一起非法征占用林地事件扣 1 分（发现并及时上报的除外）。（8）协助野生动植物保护

---

① 唐登远．以严肃责任追究保障环境监管［J］．环境教育，2013（1）．

(5 分)。责任区内全年每发生一起乱采、滥挖、乱捕、滥猎案件扣 1 分（发现并及时上报的除外)。(9) 协助查处（15 分)。积极配合林业执法部门查处森林火灾及各类破坏森林资源案件，配合不给力的，每次扣 2 分。与义务相对应的是，都安县的生态护林员每人每月可获得劳务费 400 元，即每年 4800 元。如果不能依规履行义务就要承担扣发当月基本劳务费，并解除承包管护合同，予以辞退的责任。[①] 生态转移支付资金要发挥预期的作用，应在设计法律制度时充分利用利益导向机制确定权利、义务和责任，并做到三者相互适应。没有无权利的义务，也没有无义务的权利，义务和责任在与权利相适应的同时，不宜超出履行人的实际履行能力范围，义务和责任被放大或者被缩小都不利于权利的行使和各项工作的推进。

（二）转移支付绩效考评标准的优化

2014 年 4 月全国人大颁布的《中华人民共和国环境保护法》第 26 条规定，国家实行环境保护目标责任制和考核评价制度。重点生态功能区转移支付绩效考评制度通过对转移支付资金使用成效的评价，增加或减少资金的数额，以此调动地方政府的积极性、提高资金的使用效益。科学、可行且指向明确的绩效考核指标体系事实上是各级政府及其职能部门以及领导干部的行动指南。因此，绩效考评不应仅仅作为评估某一阶段生态转移支付资金成效的临时性手段，而应成为优化生态转移支付制度的一种长效机制，在中央和地方《重点生态功能区转移支付办法》中加以详细规定。具体绩效考评标准和内容的设计可参照 2017 年 10 月 25 日印发的《广西壮族自治区财政专项扶贫资金绩效评价办法》，从效率性和可行性着手予以确定。

1. 主要考评指标的确定

主要考评指标应包括资金预算安排情况、资金使用情况、资金使用成效、资金监督管理情况和调整指标等 5 个部分、15 个具体计分指标。其中，资金预算安排情况主要考核县本级预算安排财政转移支付资金情况，包括投入情况和资金拨付进度情况；资金使用情况主要考核财政转移支付资金使用进度情况和资金撬动金融资本情况；资金使用成效主要考核财政转移支付资金使用的效

---

① 信息来源于都安县林业局的实地调研。

果，具体包括资金用于改善生态环境、发展生态产业以及生态扶贫的效果等；资金监管情况主要考核财政转移支付资金监督与管理情况，包括财政转移支付资金管理及公告公示制度建设和执行情况、监督检查职责履行情况、问题整改落实情况、年度资金使用计划备案情况、日常管理工作完成情况以及全国重点生态功能区县域生态环境质量监测评价与考核信息系统相关信息的及时录入情况。除了上述常规性指标之外，还有一种灵活的调整指标。调整指标包括加分项和减分项。加分项主要考核机制创新情况，对支持发展生态产业、助力生态扶贫、调动贫困群众内生动力等开拓性工作获得省部级以上表彰，以及在国家或自治区党委、自治区人民政府召开的推广型专项现场会议上得以作为经验推广介绍的，给予加分；减分项主要评价由审计部门、财政监督检查、纪检监察、检察院、扶贫督查巡查等发现和曝光的违纪违法使用重点生态功能区财政转移支付资金的情况。

这样一来，《广西市县党政领导班子和党政正职政绩考核评价实施办法（试行）》和《广西重点生态功能区监管制度工作方案（试行）》规定的党政领导班子和领导干部“绩效考核”就与《中央对地方重点生态功能区转移支付办法》中规定的重点生态功能区转移支付资金的绩效考核融为一体，有利于统一概念、规范资金使用，大大提升执法监督的效率和转移支付资金的效益。

2. 加减分制度的设计

加减分制度的建立有助于保障绩效考评的科学性和准确性。加减分制度就像一根指挥棒，应当紧紧围绕“保护生态环境”的目的细化和优化考评内容和加减分指标。对此，笔者建议如下。

第一，加分指标可以将“引入社会资本”“拓展生态转移支付资金的来源”等机制创新内容，以及资金使用成效卓越纳入其中，以便撬动社会资本参与到国家重点生态功能区的建设。

第二，加分指标应当鼓励将生态治理与产业扶贫相结合成效卓著的产业发展模式。以都安瑶族自治县为例，该地区因地制宜将石漠化治理与毛葡萄种植相结合，科学结合了石漠化区域的生态特点，增加地表植被覆盖率，防止石漠化恶化，同时也能以群众参与种植毛葡萄的方式提高收入，帮助建档立卡贫困户顺利脱贫。

第三，加分指标应当提倡“种养结合、能人带动、政府扶持、产业扶贫、群众参与”的经济发展模式，最大限度整合利用资源。仍然以都安瑶族自治县为例，该县种植山油茶和“以牛贷牛”项目已经形成了一个完整的产业链，将生态保护和改善民生良好地结合，同时将社会资本引入到重点生态功能区的建设。对于这类既能保护生态环境又能改善民生，具有突出优势的产业项目，应当作为加分指标。

第四，减分指标不应仅仅局限于“非因不可控因素而导致生态环境恶化”“发生重大环境污染事件”“实行产业准入负面清单不力”“生态扶贫工作成效不佳”，还应当包括生态转移支付领域的违规违纪行为，如果存在违规违纪行为的，应当作为减分项，扣减下一年度生态转移支付资金的金额，以此作为当地对资金监管不善的惩罚。

参考文献

一、学术著作

（一）中文著作

［1］北京大学贫困地区发展研究院．中国贫困地区可持续发展战略［M］．北京：经济科学出版社，2017.

［2］财政部干部教育中心．现代财政法治化研究［M］．北京：经济科学出版社，2017.

［3］蔡守秋．人与自然关系中的伦理与法（上卷）［M］．湖南：湖南大学出版社，2009.

［4］蔡守秋．人与自然关系中的伦理与法（下卷）［M］．湖南：湖南大学出版社，2009.

［5］蔡守秋．基于生态文明的法理学［M］．北京：中国法制出版社，2014.

［6］曹海晶．中外立法制度比较（第二版）［M］．北京：商务印书馆，2016.

［7］陈冰波．主体功能区生态补偿［M］．北京：社会科学文献出版社，2009.

［8］陈公雨．地方立法十三讲［M］．北京：中国法制出版社，2015.

［9］陈弘毅．法治、启蒙与现代法的精神［M］．北京：中国政法大学出版社，1998.

［10］陈弘毅．法理学的世界［M］．北京：中国政法大学出版社，2003.

[11] 陈学明. 谁是罪魁祸首 [M]. 北京：人民出版社，2012.

[12] 陈贻健. 气候正义论 [M]. 北京：中国政法大学出版社，2014.

[13] 陈有西. 变革时代的法律秩序：当代中国重大立法司法问题探讨 [M]. 北京：法律出版社，2009.

[14] 陈治. 我国实施民生财政的法律保障机制研究 [M]. 北京：法律出版社，2014.

[15] 陈治. 推进国家治理现代化背景下财政法治热点问题研究 [M]. 厦门：厦门大学出版社，2015.

[16] 陈祖海. 西部生态补偿机制研究 [M]. 北京：民族出版社，2008.

[17] 程志光，汪建坤，马驰. 产业生态转型与区域生态安全的共合过程及实践 [M]. 浙江：浙江大学出版社，2012.

[18] 慈继伟. 正义的两面 [M]. 北京：生活·读书·新知三联书店，2014.

[19] 戴小明. 中央与地方关系——民族自治地方财政自治研究 [M]. 北京：中国民主法制出版社，1999.

[20] 戴小明. 公共财政与宪政 [M]. 北京：中央民族大学出版社，2009.

[21] 戴小明，潘弘祥等. 统一·自治·发展——单一制国家结构与民族区域自治研究 [M]. 北京：中国社会科学出版社，2014.

[22] 董艳梅. 中央转移支付与欠发达地区财政的关系 [M]. 北京：社会科学文献出版社，2014.

[23] 杜群. 生态保护法论：综合生态管理和生态补偿法律研究 [M]. 北京：高等教育出版社，2012.

[24] 方元子. 政府间转移支付与区域基本公共服务均等化 [M]. 北京：经济科学出版社，2018.

[25] 访谈录. 追寻财税法的真谛 [M]. 北京：法律出版社，2009.

[26] 费孝通. 乡土中国 生育制度 [M]. 北京：北京大学出版社，1998.

[27] 费孝通. 江村经济——中国农民的生活 [M]. 北京：商务印书馆，2001.

[28] 傅鹤鸣．法律正义论：德沃金法伦理思想研究［M］．北京：商务印书馆，2009.

[29] 付明喜．中国民族自治地方立法自治研究［M］．北京：社会科学文献出版社，2014.

[30] 付子堂．法理学初阶（第四版）［M］．北京：法律出版社，2013.

[31] 高静．公共财政的政治过程［M］．南京：南京大学出版社，2015.

[32] 高培勇．公共财政：经济学界如是说［M］．北京：经济科学出版社，2000.

[33] 葛洪义．法理学［M］．北京：高等教育出版社，2010.

[34] 广西壮族自治区地方志编纂委员会办公室．广西通志·民族志（上）［M］．广西：广西人民出版社，2009.

[35] 广西壮族自治区地方志编纂委员会办公室．广西通志·民族志（下）［M］．广西：广西人民出版社，2009.

[36] 广西壮族自治区发展和改革委员会．广西壮族自治区区域经济合作与发展报告［M］．广西：广西人民出版社，2010.

[37] 广西壮族自治区发展和改革委员会．广西壮族自治区区域经济合作与发展报告［M］．广西：广西人民出版社，2018.

[38] 国家林业局．国家重点生态功能区生态保护与建设规划［M］．北京：中国林业出版社，2019.

[39] 韩太平．包容性增长制度创新研究：以马克思主义发展理论为视域［M］．北京：中国社会科学出版社，2017.

[40] 韩永伟，高吉喜，刘成程．重要生态功能区及其生态服务研究［M］．北京：中国环境出版社，2012.

[41] 郝时远．中国特色解决民族问题之路［M］．北京：中国社会科学出版社，2016.

[42] 侯东德．我国地方立法协商的理论与实践［M］．北京：法律出版社，2015.

[43] 侯怀霞．私法上的环境权及其救济问题研究［M］．上海：复旦大学出版社，2011.

[44] 胡洪曙．促进基本公共服务均等化的中央财政转移支付机制优化研究［M］．北京：经济科学出版社，2016.

[45] 胡静．环境法的正当性与制度选择［M］．北京：知识产权出版社，2009.

[46] 胡旭晟．法的道德历程——法律史的伦理解释（论纲）［M］．北京：法律出版社，2006.

[47] 环境部生态环境监测司．国家重点生态功能区县域生态环境质量监测评价与考核典型案例汇编［M］．北京：中国环境出版社，2018.

[48] 黄小勇．民族地区共生发展的理论与实证研究［M］．北京：经济管理出版社，2018.

[49] 黄晓虹，雷根强．我国转移支付对城乡收入差距的影响研究［M］．北京：中国财政经济出版社，2017.

[50] 季卫东．法治秩序的建构［M］．北京：中国政法大学出版社，1999.

[51] 季卫东．通往法治的道路：社会的多元与权威体系［M］．北京：法律出版社，2014.

[52] 季卫东 程金华．风险法学的探索：聚焦问责的互动关系［M］．上海：上海三联书店，2018.

[53] 贾学军．福斯特生态学马克思主义思想研究［M］．北京：人民出版社，2017.

[54] 江必新，王红霞．国家治理现代化与社会治理［M］．北京：中国法制出版社，2016.

[55] 江必新．国家治理现代化与行政法治［M］．北京：中国法制出版社，2016.

[56] 江平．共和国六十年法学论争实录：经济法卷［M］．厦门：厦门大学出版社，2009.

[57] 蒋安．经济法理论研究新视点［M］．北京：中国检察出版社，2002.

[58] 靳友雯．财政转移支付对西部地区发展影响研究［M］．北京：经济

科学出版社，2017.

［59］《经济法学》编写组．经济法学［M］．北京：高等教育出版社，2018.

［60］康耀坤．民族立法与我国民族地区法制建设研究［M］．北京：法律出版社，2012.

［61］孔令英．边境贫困地区生态补偿机制研究［M］．北京：经济管理出版社，2016.

［62］雷毅．深层生态学：阐释与整合［M］．上海：上海交通大学出版，2012.

［63］雷振扬，成艾华．民族地区财政转移支付的绩效评价与制度创新［M］．北京：人民出版社，2010.

［64］雷振扬．坚持和完善中国特色民族政策研究［M］．北京：中国社会科学出版社，2014.

［65］雷振扬．中国特色民族政策与民族发展问题探究［M］．北京：中国社会出版社，2016.

［66］黎洁．西部重点生态功能区人口资源与环境可持续发展研究［M］．北京：经济科学出版社，2016.

［67］李步云．人权法学［M］．北京：高等教育出版社，2005.

［68］李昌麒．经济法学［M］．北京：法律出版社，2008.

［69］李昌麒．经济法理念研究［M］．北京：法律出版社，2009.

［70］李德顺．价值观（第 3 版）［M］．北京：中国人民大学出版，2013.

［71］李红梅．限制开发类主体功能区主体行为与发展机制研究：以云南省怒江州为例［M］．北京：中国环境科学出版社，2012.

［72］李锦．民族文化生态与经济协调发展：对泸沽湖周边及香格里拉的研究［M］．北京：民族出版社，2008.

［73］李炜．大小兴安岭生态功能区建设生态补偿机制研究［M］．北京：中国林业出版社，2013.

［74］李曦辉．民族地区产业经济学［M］．北京：中央民族大学出版

社，2004.

［75］李潇．基于生态补偿的国家重点生态功能区转移支付制度改革研究［M］．北京：经济科学出版社，2018.

［76］李占荣．民族经济法研究［M］．北京：民族出版社，2009.

［77］李占荣，唐勇．宪法的民族观及其中国意义研究［M］．北京：法律出版社，2015.

［78］李长亮．西部地区生态补偿机制构建研究［M］．北京：中国社会科学出版社，2013.

［79］梁润萍、黄贞．“共生互补”论集［M］．武汉：华中科技大学出版社，2014.

［80］梁治平．在边缘处思考［M］．北京：法律出版社，2003.

［81］梁治平．法治十年观察［M］．上海：上海人民出版社，2009.

［82］凌斌．法治的代价［M］．北京：法律出版社，2012.

［83］刘剑文．财税法专题研究（第2版）［M］．北京：北京大学出版社，2007.

［84］刘剑文．财税法学前沿问题研究：经济发展　社会公平与财税法治［M］．北京：法律出版社，2012.

［85］刘剑文．财税法学前沿问题研究：地方财税法制的改革与发展［M］．北京：法律出版社，2014.

［86］刘剑文．财税法学前沿问题研究：法治视野下的预算法修改［M］．北京：法律出版社，2014.

［87］刘剑文．财税法学前沿问题研究：依宪治国　收入分配与财税法治［M］．北京：法律出版社，2015.

［88］刘剑文．财税法学前沿问题研究：法治财税与国家治理现代化［M］．北京：法律出版社，2016.

［89］刘剑文．理财治国观：财税法的历史担当［M］．北京：法律出版社，2016.

［90］刘剑文．财税法学前沿问题研究：全面“营改增”背景下的财税法治建设［M］．北京：法律出版社，2017.

[91] 刘剑文．法治财税论——法理现代化的中国进路［M］．北京：中国财政经济出版社，2017.

[92] 刘剑文，熊伟．财政税收法（第七版）［M］．北京：法律出版社，2017.

[93] 刘立，朱云杰．公共财政理论前沿专题［M］．北京：中国经济出版社，2012.

[94] 刘玲玲．公共财政学［M］．北京：中国发展出版社，2003.

[95] 刘敏．生成的逻辑：系统科学"整体论"思想研究［M］．北京：中国社会科学出版社，2013.

[96] 刘玉龙．生态补偿与流域生态共建共享［M］．北京：水利水电出版社，2007.

[97] 吕世伦．当代法的精神［M］．西安：西安交通大学出版社，2016.

[98] 吕志梅．环境法新视野［M］．北京：中国政法大学出版社，2007.

[99] 马戎．民族社会学——社会学的族群关系研究［M］．北京：北京大学出版社，2016.

[100] 马小红．礼与法：法的历史连接［M］．北京：北京大学出版社，2004.

[101] 米文宝，杨美玲，米楠．宁夏回族聚居限制开发生态区区域发展机理与模式研究［M］．宁夏：宁夏人民出版社，2016.

[102] 欧阳恩钱，钭晓东．民本视域下环境法调整机制变革——温州模式内在动力的新解读［M］．北京：中国社会科学出版社，2010.

[103] 欧阳康．民族精神——人民的精神家园［M］．黑龙江：黑龙江教育出版社，2013.

[104] 潘弘祥．宪法的社会理论分析［M］．北京：人民出版社，2009.

[105] 潘家华．中国的环境治理与生态建设［M］．北京：中国社会科学出版社，2015.

[106] 潘伟杰．当代中国制度研究：当代中国立法制度研究［M］．上海：上海人民出版社，2013.

[107] 乔世民．少数民族地区生态环境法制建设研究［M］．北京：中央

民族大学出版社，2009.

［108］乔世民，林森．民族自治地方野生动植物保护法治化研究［M］．北京：中央民族大学出版社，2012.

［109］乔世明，张砚哲，宁金强．少数民族地区生态环境保护法治研究［M］．北京：法律出版社，2017.

［110］乔晓阳．立法法讲话［M］．北京：中国民主法制出版社，2000.

［111］秦明瑞．系统的逻辑——卢曼思想研究［M］．北京：商务印书馆，2019.

［112］邱本．经济法研究（上卷：经济法原理研究）［M］．北京：中国人民大学出版社，2008.

［113］邱本．经济法研究（中卷：市场竞争法研究）［M］．北京：中国人民大学出版社，2008.

［114］邱本．经济法研究（下卷：宏观调控法研究）［M］．北京：中国人民大学出版社，2008.

［115］瞿同祖．中国法律与中国社会［M］．北京：商务印书馆，2010.

［116］任勇，冯东方，俞海．中国生态补偿理论与政策框架设计［M］．北京：中国环境科学出版社，2008.

［117］萨础日娜．民族地区生态补偿机制研究［M］．内蒙古：内蒙古大学出版社，2012.

［118］尚明．反垄断法理论与中外案例评析［M］．北京：北京大学出版社，2008.

［119］沈岿．食品安全、风险治理与行政法［M］．北京：北京大学出版社，2018.

［120］沈宗灵．现代西方法理学［M］．北京：北京大学出版社，1992.

［121］沈宗灵．法理学（第二版）［M］．北京：高等教育出版社，2004.

［122］沈宗灵．法理学（第四版）［M］．北京：北京大学出版社，2014.

［123］舒国滢，李宏勃．法理学阶梯［M］．北京：清华大学出版社，2006.

［124］宋才发：民族区域自治制度的发展与完善——自治区自治条例研

究［M］. 北京：人民出版社，2008.

［125］苏力．送法下乡 中国基层司法制度研究［M］. 北京：中国政法大学出版社，2000.

［126］苏力．法治及其本土资源（修订版）［M］. 北京：中国政法大学出版社，2004.

［127］苏力．制度是如何形成的［M］. 北京：北京大学出版社，2007.

［128］孙发平．中国三江源区生态价值及补偿机制研究［M］. 北京：中国环境科学出版社，2008.

［129］孙国华，朱景文．法理学（第四版）［M］. 北京：中国人民大学出版社，2015.

［130］孙壮珍．风险治理与和谐社会构建——风险感知视角下科技决策面临的挑战及优化研究［M］. 北京：中国社会科学出版社，2016.

［131］唐慕谊等．西部生态建设与生态补偿：目标、行动、问题、对策［M］. 北京：中国环境科学出版社，2005.

［132］万本太，邹首民．走向实践的生态补偿——案例分析与探索［M］. 北京：中国环境科学出版社，2008.

［133］汪劲，严厚福，孙晓璞．环境正义：丧钟为谁而鸣［M］. 北京：北京大学出版社，2006.

［134］汪全胜．立法成本效益评估研究［M］. 北京：知识产权出版社，2016.

［135］王爱声．立法过程：制度选择的进路［M］. 北京：中国人民大学出版社，2009.

［136］王华春．民族地区转移支付、财力均等化和收支稳定效应研究［M］. 北京：中国经济出版社，2018.

［137］王平．民族事务依法治理与民族民间规范［M］. 北京：中国民主法制出版社，2018.

［138］王倩倩．中央与民族自治地方财政关系研究［M］. 大连：东北财经大学出版社，2012.

［139］王人博，程燎原．法治论［M］. 桂林：广西师范大学出版

社，2014.

［140］王社坤．环境利用研究［M］．北京：中国环境出版社，2013.

［141］王守义．财政分权、转移支付与基本公共服务供给效率［M］．北京：社会科学文献出版社，2017.

［142］王学辉．从禁忌习惯到法起源运动［M］．北京：法律出版社，1998.

［143］王崟屾．地方立法权之研究——基于纵向分权所进行的解读［M］．浙江：浙江工商大学出版社，2014.

［144］王雨辰．生态批判与绿色乌托邦：生态学马克思主义理论研究［M］．北京：人民出版社，2009.

［145］王允武，吴大华．法律人类学论丛（第2辑）［M］．北京：民族出版社，2014.

［146］韦结余．中国西部地区“资源诅咒”传导机制研究［M］．北京：经济管理出版社，2018.

［147］魏建国．中央与地方关系法治化研究——财政维度［M］．北京：北京大学出版社，2015.

［148］吴大华．民族法学［M］．北京：法律出版社，2013.

［149］吴大华．法律人类学论丛（第5辑）［M］．北京：社会科学文献出版社，2017.

［150］吴大华．法律人类学论丛（第6辑）［M］．北京：社会科学文献出版社，2019.

［151］吴经熊．正义之源泉：自然法研究［M］．张薇薇译．北京：法律出版社，2015.

［152］吴俊培．公共财政研究文集［M］．北京：经济科学出版社，2000.

［153］吴宗金．中国民族区域自治法学［M］．北京：法律出版社，2004.

［154］吴宗金，张晓辉．中国民族法学［M］．北京：法律出版社，2004.

［155］武建敏，董佰壹．法治类型研究［M］．北京：人民出版社，2011.

［156］夏勇．人权概念起源：权利的历史哲学［M］．北京：中国政法大学出版社，2001.

[157] 肖翔．促进共享式增长的财政支出政策研究 [M]．北京：中国金融出版社，2016.

[158] 谢京华．政府财政转移支付制度研究 [M]．浙江：浙江大学出版社，2011.

[159] 谢尚果、高兴武．民族自治地方依法行政问题研究 [M]．广西：广西民族出版社，2011.

[160] 新编生态环境保护法律法规及案例解析编委会．新编生态环境保护法律法规及案例解析 [M]．北京：红旗出版社，2018.

[161] 熊万鹏．人权的哲学基础 [M]．北京：商务印书馆，2013.

[162] 徐向华．立法学教程（第 2 版）[M]．北京：北京大学出版社，2017.

[163] 徐琰超．财政分权、转移支付和地方政府行为 [M]．北京：社会科学文献出版社，2017.

[164] 徐阳光．财政转移支付制度的法学解析 [M]．北京：北京大学出版社，2009.

[165] 徐阳光．政府间财政关系法治化研究 [M]．北京：法律出版社，2016.

[166] 徐艺．转移支付对中国县级财力差距的影响研究 [M]．北京：中国社会科学出版社，2016.

[167] 许进杰．生态文明消费模式研究：基于资源性供给紧约束的视角 [M]．吉林：吉林出版集团，2016.

[168] 薛澜 等．应对气候变化的风险治理 [M]．北京：科学出版社，2014.

[169] 郇庆治．当代西方生态资本主义理论 [M]．北京：北京大学出版社，2008.

[170] 阎锐．地方立法参与主体研究 [M]．上海：上海人民出版社，2014.

[171] 杨宝国．公平与效率：实现公平正义的两难选择 [M]．北京：中国社会科学出版社，2017.

[172] 杨道波．自治条例立法研究［M］．北京：人民出版社，2008.

[173] 杨海．风险社会：批判与超越［M］．北京：人民出版社，2017.

[174] 於兴中．法治东西［M］．北京：法律出版社，2015.

[175] 余俊．民国时期广西地方自治实施研究［M］．北京：人民出版社，2015.

[176] 余俊．生态保护区内世居民族的环境权与发展问题研究［M］．北京：中国政法大学出版社，2016.

[177] 俞金香，韩敏．环境权与循环经济法的法理研究［M］．北京：中国社会科学出版社，2017.

[178] 袁达松．包容性法治论［M］．北京：中国法制出版社，2017.

[179] 袁华萍．财政分权下的地方政府环境污染治理研究［M］．北京：经济科学出版社，2016.

[180] 袁翔珠．石缝中的生态法文明［M］．北京：中国法制出版社，2010.

[181] 岳红强．风险社会视域下危险责任制度研究［M］．北京：法律出版社，2016.

[182] 云南省人民代表大会民族委员会．云南省民族自治地方优秀单行条例点评［M］．北京：法律出版社，2016.

[183] 翟继光．财税法基础理论研究［M］．北京：中国政法大学出版社，2017.

[184] 詹承豫．从危机管理到风险治理：基于理论、制度及实践的分析［M］．北京：中国法制出版社，2016.

[185] 张殿军．民族自治地方自治权研究［M］．北京：民族出版社，2015.

[186] 张殿军．民族自治地方法律变通研究［M］．北京：人民出版社，2016.

[187] 张冠梓．多向度的法：与当代法律人类学家对话［M］．北京：法律出版社，2012.

[188] 张乃根．法经济学：经济学视野里的法律现象［M］．上海：上海

人民出版社，2014.

［189］张鹏．中国权利性条款立法规范化研究［M］．北京：中国社会科学出版社，2016.

［190］张千帆．国家主权与地方自治［M］．北京：中国民主法制出版社，2012.

［191］张守文．财税法疏议［M］．北京：北京大学出版社，2005.

［192］张守文．财税法学（第六版）［M］．北京：中国人民大学出版社，2018.

［193］张文山．突破思维的瓶颈：民族区域自治法配套立法问题研究［M］．北京：法律出版社，2007.

［194］张文山．通往自治的桥梁：自治条例与单行条例研究［M］．北京：中央民族大学出版社，2009.

［195］张文山．中国自治区自治条例研究：历史与文本［M］．北京：法律出版社，2018.

［196］张馨．公共财政论纲［M］．北京：经济科学出版社，1999.

［197］张怡．衡平税法研究［M］．北京：中国人民大学出版社，2012.

［198］中国21世纪议程管理中心可持续发展战略研究组．生态补偿：国际经验与中国实践［M］．北京：社会科学文献出版社，2007.

［199］中国21世纪议程管理中心编制．生态补偿原理与应用［M］．北京：社会科学文献出版社，2009.

［200］中国环境监测总站．我国陆域生态环境质量状况及变化趋势研究［M］．北京：中国环境出版社，2014.

［201］中国环境监测总站．国家重点生态功能区县域生态环境状况评价研究与应用［M］．北京：中国环境出版社，2015.

［202］中国环境监测总站编．国家重点生态功能区县域生态环境质量检测评价与考核技术指南［M］．北京：中国环境出版集团，2019.

［203］李在全．中国社会科学院近代史研究所法律史研究群．近代中国的法律与政治［M］．北京：社会科学文献出版社，2016.

［204］钟大能．西部少数民族地区生态环境建设进程与其财政补偿机制

的形成［M］. 北京：经济科学出版社，2008.

［205］周刚志. 论公共财政与宪政国家［M］. 北京：北京大学出版社，2005.

［206］周刚志. 财政转型的宪法管理［M］. 北京：中国人民大学出版社，2014.

［207］周珂. 环境与资源保护法（第三版）［M］. 北京：中国人民大学出版社，2015.

［208］周实. 地方立法权限与立法程序研究［M］. 辽宁：东北大学出版社，2011.

［209］周世中. 西南少数民族民间法的变迁与现实作用——以黔桂瑶族、侗族、苗族民间法为例［M］. 北京：法律出版社，2010.

［210］周旺生. 立法研究（第2卷）［M］. 北京：法律出版社，2001.

［211］周延. 生态功能区的建设模式［M］. 北京：中国质检出版社，2014.

［212］周叶中. 宪法（第三版）［M］. 北京：高等教育出版社，2011.

［213］朱景文. 法理学研究（上下册）［M］. 北京：中国人民大学出版社，2006.

［214］朱力宇，叶传星. 立法学（第4版）［M］. 北京：中国人民大学出版社，2015.

［215］朱力宇. 法理学原理与案例教程（第四版）［M］. 北京：中国人民大学出版社，2016.

［216］庄孔韶. 人类学通论（第三版）［M］. 北京：中国人民大学出版社，2017.

［217］卓泽渊. 法理学（第四版）［M］. 北京：法律出版社，2009.

［218］左常升. 包容性发展与减贫［M］. 北京：社会科学文献出版社，2013.

（二）外文译著

［1］［俄］科斯京. 生态政治学与全球学［M］. 胡谷明，徐邦俊，毛志文，张磊译. 武汉：武汉大学出版社，2008.

[2] [印] 森. 理性与自由 [M]. 李风华译. 北京：中国人民大学出版社，2013.

[3] [英] 琴亨戈. 法理学基础 [M]. 武汉：武汉大学出版社，2004.

[4] [美] 萨缪尔森. 经济学（第18版）[M]. 萧琛译. 北京：人民邮电出版社，2008.

[5] [美] 弗里德曼. 经济增长的道德意义 [M]. 北京：中国人民大学出版社，2013.

[6] [美] 卡多佐. 法律的成长 [M]. 李红勃，李璐怡译. 北京：北京大学出版社，2014.

[7] [美] 伯尔曼. 法律与宗教 [M]. 梁治平译. 北京：商务印书馆，2012.

[8] [美] 伯尔曼. 信仰与秩序：法律与宗教的复合 [M]. 姚剑波译. 北京：中央编译出版社，2011.

[9] [英] 罗素. 权力论 [M]. 吴友三译. 北京：商务印书馆，2012.

[10] [英] 达尔顿. 财政学原理—民国西学要籍汉译文献 [M]. 杜俊东译. 上海：上海社会科学出版社，2016.

[11] [美] 科尔. 污染与财产权 [M]. 严厚福，王社坤译. 北京：北京大学出版社，2009.

[12] [英] 罗伊德. 法律的理念 [M]. 张茂柏译. 上海：上海译文出版社，2014.

[13] [美] 诺思 [M]. 制度、制度变迁与经济绩效. 上海：格致出版社，2014.

[14] [美] 博登海默. 法理学：法律哲学与法律方法 [M]. 邓正来译. 北京：中国政法大学出版社，2017.

[15] [英] 哈耶克. 致命的自负 [M]. 冯克利，胡晋华等译. 北京：中国社会科学出版社，2000.

[16] [英] 哈耶克. 自由宪章 [M]. 杨玉生，冯兴元，陈茅等译. 北京：中国社会科学出版社，2012.

[17] [英] 哈耶克. 通往奴役之路 [M]. 王明毅等译. 北京：中国社会

科学出版社，2013.

[18]［德］黑克．利益法学［M］．傅广宇译．北京：商务印书馆，2016.

[19]［法］巴斯夏．财产、法律与政府［M］．秋风译．北京：商务印书馆，2012.

[20]［英］哈特．法律的概念［M］．许家馨，李冠宜译．北京：法律出版社，2018.

[21]［英］霍布斯．利维坦［M］．黎思复，黎廷弼译．北京：商务印书馆，2016.

[22]［德］拉伦茨．法学方法论［M］．陈爱娥译．北京：商务印书馆，2003.

[23]［奥］凯尔森．法与国家的一般理论［M］．沈宗灵译．北京：商务印书馆，2013.

[24]［美］康芒斯．制度经济学（上册）［M］．于树生译．北京：商务印书馆，1962.

[25]［美］康芒斯．制度经济学（下册）［M］．于树生译．北京：商务印书馆，1962.

[26]［美］卡森．寂静的春天［M］．韩正译．北京：商务印书馆，2017.

[27]［法］卢梭．社会契约论［M］．李平沤译．北京：商务印书馆，2003.

[28]［德］耶林．为权利而斗争［M］．郑永流译．北京：法律出版社，2007.

[29]［美］鲍德威．政府间财政转移支付：理论与实践［M］．庞鑫等译．北京：中国财政经济出版社，2011.

[30]［美］考特，尤伦．法和经济学（第6版）［M］．张军译．上海：格致出版社，2012.

[31]［美］德沃金．没有上帝的宗教［M］．於兴中译．北京：中国民主法制出版社，2015.

[32]［美］庞德．法理学（第一卷）［M］．邓正来译．北京：中国政法大学出版社，2004.

[33] [美] 庞德．法理学（第二、三卷）[M]．廖德宇译．北京：法律出版社，2007.

[34] [美] 庞德．通过法律的社会控制 [M]．沈宗灵译．北京：商务印书馆，2010.

[35] [英] 罗素．西方哲学史（上下卷）[M]．何兆武，李约瑟等译．北京：商务印书馆，1977.

[36] [英] 洛克．政府论 [M]．叶启芳，瞿菊农译．北京：商务印书馆，1964.

[37] [美] 麦格．族群社会学（第6版）[M]．祖力亚提·司马义等译．北京：华夏出版社，2007.

[38] [英] 洛克林．公法与政治理论 [M]．郑戈译．北京：商务印书馆，2013.

[39] 中共中央马克思恩格斯列宁斯大林著作编译局编．马克思恩格斯选集（共四卷）[M]．北京：人民出版社，2013.

[40] [德] 韦伯．社会学的基本概念·经济行动与社会团体 [M]．康乐译．广西：广西师范大学出版社，2011.

[41] [德] 韦伯．社会经济史 [M]．郑太朴译．北京：中国法治出版社，2016.

[42] [美] 曼昆．经济学原理（宏观经济学分册第7版）[M]．梁小民，梁砾等译．北京：北京大学出版社，2010.

[43] [美] 曼昆．经济学原理（微观经济学分册第7版）[M]．梁小民，梁砾等译．北京：北京大学出版社，2010.

[44] [美] 奥尔森．国家的兴衰：经济增长、滞胀和社会僵化 [M]．李增刚译．上海：上海人民出版社，2017.

[45] [美] 奥尔森．集体行动的逻辑——公共物品与集团理论 [M]．陈郁，郭宇峰，李崇新译．上海：格致出版社，2017.

[46] [美] 奥尔森．权力与繁荣 [M]．苏长和，嵇飞译．上海：上海人民出版社，2018.

[47] [英] 梅因．古代法 [M]．沈景一译．北京：商务印书馆，1958.

[48][法] 孟德斯鸠．论法的精神［M］．申林译．北京：北京出版社，2007.

[49][英] 皮金，[美] 卡斯帕森，斯洛维奇．风险的社会放大［M］．谭宏凯译．北京：中国劳动社会保障出版社，2010.

[50][德] 卢曼．法社会学［M］．上海：上海人民出版社，2013.

[51][德] 沃依格特．制度经济学［M］．史世伟，黄莎莉，刘斌，钟诚等译．北京：中国社会科学出版社，2016.

[52][希] 福托鲍洛斯．当代多重危机与包容性民主［M］．李宏译．山东：山东大学出版社，2008.

[53][英] 宾汉姆．法治［M］．毛国权译．北京：中国政法大学出版社，2012.

[54][美] 劳里．大坝政治学：恢复美国河流［M］．石建斌译．北京：中国环境出版社，2009.

[55][德] 魏德士．法理学［M］．吴越，丁晓春译．北京：法律出版社，2005.

[56][德] 贝克．风险社会：新的现代性之路［M］．张文杰，何博闻译．江苏：译林出版社，2018.

[57][英] 斯密．国富论（上）［M］．郭大力等译．上海：上海三联书店，2009.

[58][英] 斯密．国富论（下）［M］．郭大力等译．上海：上海三联书店，2009.

[59][英] 斯密．亚当·斯密全集（第六卷）［M］．陈福生，陈振骅译．北京：商务印书馆，2014.

[60][德] 哈贝马斯．在事实与规范之间［M］．童世骏译．北京：生活·读书·新知三联书店，2014.

[61][德] 哈贝马斯．包容他者［M］．曹卫东译．上海：上海人民出版社，2018.

[62][德] 哈贝马斯．交往行为理论［M］．曹卫东译．上海：上海人民出版社，2018.

[63] [德] 哈贝马斯．后民族结构 [M]．曹卫东译．上海：上海人民出版社，2019.

[64] [德] 拉德卡．自然与权力 世界环境史 [M]．王国豫，付天海译．河北：河北大学出版社，2004.

[65] [美] 罗默．分配正义论 [M]．张晋华，吴萍译．北京：社会科学文献出版社，2017.

[66] [美] 福斯特．生态革命：与地球和平相处 [M]．北京：人民出版社，2015.

[67] [美] 罗尔斯．正义论 [M]．何怀宏，何包钢，廖申白译．北京：中国社会科学出版社，2009.

[68] [美] 罗尔斯．作为公平的正义 [M]．姚大志译．北京：中国社会科学出版社，2011.

[69] [英] 密尔．论自由 [M]．许宝骙译．北京：商务印书馆，2015.

[70] [美] 熊彼特．经济发展理论 [M]．王永胜译．上海：立信会计出版社，2017.

[71] [美] 斯科特．国家的视角 [M]．王晓毅译．北京：社会科学文献出版社，2019.

[72] [英] 格里芬．人文与社会译丛：论人权 [M]．徐向东，刘明译．南京：译林出版社，2015.

（三）外文原著

[1] Anthony G. The consequence of modernity [M]. Cambrige: Polity Press, 1990.

[2] Anwar S. The reform of intergovernmental fiscal relatioins in developing and emerging market economics [M]. The World Bank, 1994.

[3] Atkinson A B, Stiglitz J. Lectures on public economics [M]. New York: McGraw-Hill Book Company, 1980.

[4] Bayon R, Making environmental market works: lessons from early experience with sulfur, carbon and wetlands. Washington, D. C: Forest Trends, 2004.

[5] Borie M, Mathevet R, Letourneau A, et al. Exploring the contribution of

fiscal transfers to protected area policy [M]. Ecology & Society, 2014, 19 (1).

[6] Friedman L M. The legal system: a social science perspective [M]. New York: Russell Sage Foundation, 1975.

[7] Hibbs D A. The American political economy [M]. Harvard University Press, 1989.

[8] Mueller D. Public choice Ⅱ [M]. Cambridge: Cambridge University Press, 1989.

[9] Musgrave R A. Approaches to a fiscal theory of political federalism, public finances: needs, sources, and utilization [M]. Princeton: Princeton University Press, 1961.

[10] Musgrave R A, Musgrave P B. Public finance in theory and practice [M]. New York: McGraw-Hill Book Company, 1987.

[11] Neass A. Self realization: an ecological approach to being in the world [M] //Sessions G. Deep Ecology For The 21st Century. Shambhala, 1995: 225-239.

[12] Oates W E. Fiscal federalism [M]. New York: Harcourt Brace Jovanovich.

[13] Pigou A C. The economics of welfare [M]. London : Macmillan, 1946.

二、学术论文

(一) 中文类论文

[1] 安迪．论县域生态环境质量阶段性考核指标体系的构建 [J]. 环境保护, 2014, 42 (12).

[2] 白景明．站位区域协调发展　完善生态保护转移支付制度 [J]. 中国财政, 2018 (02).

[3] 鲍曙光, 符维, 姜永华．上级转移支付与地方财政努力——基于中国县级数据的实证分析 [J]. 财经论丛, 2018 (11).

[4] 财政部条法司．认真总结“两依”建设经验　全面提升财政法治化水平 [J]. 中国财政, 2017 (06).

[5] 曹红玲．马克思主义生态观下的民族地区生态建设探索 [J]. 贵州民族研究, 2018, 39 (09).

[6] 曹明德．生态红线责任制度探析——以政治责任和法律责任为视角［J］．新疆师范大学学报（哲学社会科学版），2014，35（06）．

[7] 曾鹏，陈嘉浩．空间正义转向：中国民族地区空间发展转型及路径［J］．广西民族研究，2019（03）．

[8] 曾文革，王热．论实质公平理念下 TWO 农产品保障措施的变革［J］．农业经济问题，2011，32（08）．

[9] 曾宪义．论全面建设小康社会进程中的民族发展权问题［J］．中南民族大学学报（人文社会科学版），2006（04）．

[10] 常纪文．生态文明入宪的必要性与建议［J］．中国环境管理，2016，8（06）．

[11] 常纪文．生态文明体制改革一路前行［J］．环境经济，2016（Z8）．

[12] 常纪文．生态文明体制全面改革的"四然"问题［J］．中国环境管理，2016，8（01）．

[13] 常健．现代性、经济法理念与经济法治——科学发展观语境下的解析与重塑［J］．现代法学，2005（06）．

[14] 陈海嵩．"生态红线"的规范效力与法治化路径——解释论与立法论的双重展开［J］．现代法学，2014，36（04）．

[15] 陈金钊．以法治中国战略为目标的法学话语体系建构［J］．求是学刊，2019，46（05）．

[16] 陈娟．新一轮党和国家机构改革锚定中华民族伟大复兴中国梦［J］．社科纵横，2019，34（11）．

[17] 陈梦雨，袁新尚，王萌．重点生态功能区转移支付制度的不足和完善［J］．中国环境管理干部学院学报，2014，24（06）．

[18] 陈挺，何利辉．中国生态横向转移支付制度设计的初步思考［J］．经济研究参考，2016（58）．

[19] 陈新建．资金激励、风险厌恶与民族地区贫困户生产投资——广西建档立卡贫困户的实验数据分析［J］．中南民族大学学报（人文社会科学版），2019，39（04）．

[20] 陈永峰．理性、善治与现代化：新时代中国特色国家治理路径选

择 [J]. 学习与探索，2019 (10).

[21] 陈治. 构建民生财政的法律思考 [J]. 上海财经大学学报，2011，13 (02).

[22] 陈治. 论我国构建民生财政的法制保障 [J]. 当代法学，2011，25 (04).

[23] 陈治. 实施民生财政的权利进路：以构筑权利保障体系为中心 [J]. 地方财政研究，2012 (10).

[24] 陈治. 论民生财政的实践模式、路径选择与法治保障 [J]. 法商研究，2013，30 (06).

[25] 陈治. 论破除民生财政实施的若干误区 [J]. 财会月刊，2014 (14).

[26] 陈治. 民生财政权利进路之争鸣、反思与重构 [J]. 法学论坛，2013，28 (02).

[27] 陈治. 论实施民生财政的法律救济 [J]. 社会科学，2015 (10).

[28] 陈治. 基于生存权保障的《个人所得税法》改革及完善 [J]. 武汉大学学报 (哲学社会科学版)，2016，69 (03).

[29] 陈治. 地方预算参与的法治进路 [J]. 法学研究，2017，39 (05).

[30] 陈治. 实施民生财政背景下预算法治变革的挑战与回应 [J]. 经济法论坛，2017，18 (01).

[31] 陈治. 迈向财政权实质控制的理论逻辑与法治进路 [J]. 现代法学，2018，40 (02).

[32] 陈治. 国家治理视阈下预算权配置的反思与转型 [J]. 中国法律评论，2018 (06).

[33] 陈作成. 新疆重点生态功能区生态补偿经济效应研究 [J]. 西南民族大学学报 (人文社科版)，2015，36 (12).

[34] 成丹. 激励机制、协同治理与横向转移支付 [J]. 地方财政研究，2017 (08).

[35] 程岚. 基于主体功能区战略的转移支付制度探析 [J]. 江西社会科学，2014，34 (01).

[36] 迟方旭. 习近平新时代中国特色社会主义法治思想的实践基础、理论渊源与精神实质 [J]. 世界社会主义研究, 2018, 3 (01).

[37] 储德银, 迟淑娴. 转移支付降低了中国式财政纵向失衡吗 [J]. 财贸经济, 2018, 39 (09).

[38] 戴小明.《民族区域自治法》普及状况及问题研究——以问卷调查为主要依据 [J]. 贵州省党校学报, 2018 (02).

[39] 戴小明. 谱写中国特色社会主义法治理论的新篇章——习近平全面依法治国新理念新思想新战略论要 [J]. 法学评论, 2019, 37 (06).

[40] 戴小明. 在改革开放中彰显法治的中国特色 [J]. 新湘评论, 2019 (15).

[41] 戴小明, 潘弘祥. 民族区域自治的宪政分析 [J]. 中南民族大学学报 (人文社会科学版), 2004 (05).

[42] 戴小明, 冉艳辉. 论国家结构形式与民族区域自治 [J]. 中南民族大学学报 (人文社会科学版), 2014, 34 (05).

[43] 戴小明, 冉艳辉. 区域立法合作的有益探索与思考——基于《酉水河保护条例》的实证研究 [J]. 中共中央党校学报, 2017, 21 (02).

[44] 戴小明, 冉艳辉. 新中国民族区域法治运行轨迹与基本经验 [J]. 中南民族大学学报 (人文社会科学版), 2019, 39 (06).

[45] 单新国. 三层递进与不确定——经济公平的经济法解读 [J]. 湖北社会科学, 2015 (04).

[46] 邓晓兰, 黄显林, 杨秀. 积极探索建立生态补偿横向转移支付制度 [J]. 经济纵横, 2013 (10).

[47] 邓晓兰, 黄显林, 杨秀. 完善生态补偿转移支付制度的政策建议 [J]. 经济研究参考, 2014 (06).

[48] 丁玮蓉, 张帆. 均衡性转移支付制度会带来地方政府福利性公共服务支出偏向吗? [J]. 财经论丛, 2018 (10).

[49] 董战峰, 李红祥, 葛察忠, 等. 生态文明体制改革宏观思路及框架分析 [J]. 环境保护, 2015, 43 (19).

[50] 杜雯翠. 民族地区环境污染的特征分析 [J]. 民族研究, 2018

(03).

[51] 段晓红. 新时期发展民族地区经济的财税法思考 [J]. 中南民族大学学报 (人文社会科学版), 2005 (05).

[52] 段晓红. 从民族财政体制的演变论财政自治权的法律保护 [J]. 中南民族大学学报 (人文社会科学版), 2007 (04).

[53] 段晓红. 从西部大开发的实践反思民族地区财税政策 [J]. 西南民族大学学报 (人文社科版), 2008 (07).

[54] 段晓红. 促进民族地区财政均衡的转移支付制度探析 [J]. 中南民族大学学报 (人文社会科学版), 2012, 32 (05).

[55] 段晓红. 民族地区财政自治对央地财政关系法制化的启示 [J]. 学习与实践, 2014 (01).

[56] 段晓红. 促进公共服务均等化: 均衡性转移支付抑或专项性一般转移支付——基于民族地区的实证分析 [J]. 中南民族大学学报 (人文社会科学版), 2016, 36 (04).

[57] 段晓红. 政治契约视野下财政自治权限度研究 [J]. 苏州大学学报 (哲学社会科学版), 2016, 37 (05).

[58] 段宜宏. 跨区域生态补偿研究综述 [J]. 经济研究参考, 2017 (24).

[59] 段铸, 程颖慧. 基于生态足迹理论的京津冀横向生态补偿机制研究 [J]. 工业技术经济, 2016, 35 (05).

[60] 段铸, 程颖慧. 京津冀协同发展视阈下横向财政转移支付制度的构建 [J]. 金融发展研究, 2016 (01).

[61] 段铸, 刘艳, 孙晓然. 京津冀横向生态补偿机制的财政思考 [J]. 生态经济, 2017, 33 (06).

[62] 段铸, 刘艳. 以 "谁受益, 谁付费" 为原则建立横向生态补偿机制, 京津冀如何破题 [J]. 人民论坛, 2017 (05).

[63] 高雪莲. 京津冀公共服务一体化下的财政均衡分配 [J]. 经济社会体制比较, 2015 (05).

[64] 葛洪义. 法学研究中的认识论问题 [J]. 法学研究, 2001 (02).

[65] 葛乃旭，杨留花．建立我国横向转移支付制度的方案设计研究——借鉴德国转移支付制度改革最新经验 [J]．地方财政研究，2014 (04).

[66] 葛少芸．民族地区生态补偿机制问题研究——以甘肃甘南藏族自治州黄河重要水源补给生态功能区生态保护与建设项目为例 [J]．湖北民族学院学报（哲学社会科学版），2010，28 (02).

[67] 谷成，蒋守建．我国横向转移支付依据、目标与路径选择 [J]．地方财政研究，2017 (08).

[68] 顾岳良．建设法治财政的几点思考 [J]．中国财政，2016 (16).

[69] 广西财政厅课题组．推进西江跨省流域上下游横向生态补偿机制的政策研究 [J]．经济研究参考，2019 (02).

[70] 郭宝孚．树立法治思维　建设法治财政 [J]．中国财政，2017 (11).

[71] 韩小兵，喜饶尼玛．以人为本理念下的中国少数民族发展权 [J]．中央民族大学学报（哲学社会科学版），2010，37 (01).

[72] 韩永伟，高馨婷，高吉喜，等．重要生态功能区典型生态服务及其评估指标体系的构建 [J]．生态环境学报，2010，19 (12).

[73] 何立环，刘海江，李宝林，等．国家重点生态功能区县域生态环境质量考核评价指标体系设计与应用实践 [J]．环境保护，2014，42 (12).

[74] 贺艳华，范曙光，周国华，等．基于主体功能区划的湖南省乡村转型发展评价 [J]．地理科学进展，2018，37 (05).

[75] 洪步庭，任平，苑全治，等．长江上游生态功能区划研究 [J]．生态与农村环境学报，2019，35 (08).

[76] 胡腾．我国少数民族的发展权略论 [J]．西南民族学院学报（哲学社会科学版），2002 (07).

[77] 胡元聪．包容性增长理念下经济法治的反思与回应 [J]．法学论坛，2015，30 (03).

[78] 华香，田贵贤．生态补偿横向转移支付的优先领域选择及边界区分 [J]．商业时代，2013 (26).

[79] 黄朝晓，叶芸．加快主体功能区建设　推进广西北部湾经济区绿色

发展［J］. 经济研究参考，2017（59）.

［80］黄成，杜宇，吴传清．主体功能区建设与“胡焕庸线”破解［J］. 学习与实践，2019（04）.

［81］黄力明，张俊军．促进广西区域经济一体化的财税政策研究［J］. 经济研究参考，2014（17）.

［82］黄燎隆．基于经济结构调整的主体功能区战略——以广西民族地区为例［J］. 沿海企业与科技，2013（05）.

［83］贾若祥．我国区域间横向转移支付刍议［J］. 宏观经济管理，2013（01）.

［84］江苏省财政厅．创新实践“六位一体”法治财政标准化建设［J］. 中国财政，2017（06）.

［85］姜青新．加快建立系统完整的生态文明制度体系——《生态文明体制改革总体方案》初步解读［J］. WTO经济导刊，2015（10）.

［86］蒋永甫，弓蕾．地方政府间横向财政转移支付：区域生态补偿的维度［J］. 学习论坛，2015，31（03）.

［87］景宏军，王蕴波．法治财政进程中契约精神基础的构建研究［J］. 地方财政研究，2018（03）.

［88］雷明昊．发展型自治——中国民族区域自治的特色与优势［J］. 广西民族研究，2018（02）.

［89］雷振扬．民族地区自然生态利益探析［J］. 民族研究，2004（03）.

［90］雷振扬．民族地区财政转移支付的制度安排与实践效果探析［J］. 中南民族大学学报（人文社会科学版），2007（06）.

［91］雷振扬，陈蒙．民族优惠政策的价值分析［J］. 广西民族大学学报（哲学社会科学版），2014，36（02）.

［92］雷振扬，成艾华．民族地区各类财政转移支付的均等化效应分析［J］. 民族研究，2009（04）.

［93］雷振扬，成艾华．民族地区财政转移支付的绩效评价与制度创新［J］. 理论月刊，2015（03）.

［94］雷振扬，贾兴荣．习近平“用法律来保障民族团结”思想初

探［J］. 中南民族大学学报（人文社会科学版），2017，37（05）.

［95］李爱年. 环境法的伦理审视［J］. 吉首大学学报（社会科学版），2007，28（06）.

［96］李传坤，韩天一，欧阳勋志，等. 退耕还林工程历史进程与对策探讨［J］. 安徽农业科学，2011，39（18）.

［97］李丹，裴育，陈欢. 财政转移支付是“输血”还是“造血”——基于国定扶贫县的实证研究［J］. 财贸经济，2019，40（06）.

［98］李德英. 民族地区财政转移支付制度的完善［J］. 人民论坛，2013（08）.

［99］李国平，李潇，汪海洲. 国家重点生态功能区转移支付的生态补偿效果分析［J］. 当代经济科学，2013，35（05）.

［100］李国平，李潇，萧代基. 生态补偿的理论标准与测算方法探讨［J］. 经济学家，2013（02）.

［101］李国平，李潇. 国家重点生态功能区转移支付资金分配机制研究［J］. 中国人口·资源与环境，2014，24（05）.

［102］李国平，李潇. 国家重点生态功能区的生态补偿标准、支付额度与调整目标［J］. 西安交通大学学报（社会科学版），2017，37（02）.

［103］李国平，汪海洲，刘倩. 国家重点生态功能区转移支付的双重目标与绩效评价［J］. 西北大学学报（哲学社会科学版），2014，44（01）.

［104］李国平，张文彬，李潇. 国家重点生态功能区生态补偿契约设计与分析［J］. 经济管理，2014，36（08）.

［105］李红. 青海藏区生态功能区的保护和建设措施研究［J］. 产业与科技论坛，2011，10（14）.

［106］李林. 习近平新时代宪法思想的理论与实践［J］. 北京联合大学学报（人文社会科学版），2018，16（03）.

［107］李林. 习近平新时代中国特色社会主义法治思想的形成和发展［J］. 智慧中国，2018（Z1）.

［108］李娜，高晓清，杨发奎，等. 主体功能区划背景下的宁夏生态文明建设［J］. 中国沙漠，2019，39（01）.

[109] 李楠楠. 从权责背离到权责一致：事权与支出责任划分的法治路径 [J]. 哈尔滨工业大学学报（社会科学版），2018，20（05）.

[110] 李涛. 新时代全面依法治国的实践内涵和深化拓展 [J]. 学习与实践，2019(10).

[111] 李万慧，于印辉. 横向财政转移支付：理论、国际实践以及在中国的可行性 [J]. 地方财政研究，2017（08）.

[112] 李喜燕. 实质公平视角下劳方利益倾斜性保护之法律思考 [J]. 河北法学，2012，30（11）.

[113] 李长健，赵田. 水生态补偿横向转移支付的境内外实践与中国发展路径研究 [J]. 生态经济，2019，35（08）.

[114] 廉睿，卫跃宁. "硬法之维"到"软硬共治"：民族地区生态治理的理路重构 [J]. 学习论坛，2019（05）.

[115] 梁洪霞. 民族自治地方发展权的理论确立与实践探索 [J]. 政治与法律，2019(11).

[116] 廖华. 重点生态功能区建设对民族地区资源配置权的限制及应对研究 [J]. 中南民族大学学报（人文社会科学版），2019，39（04）.

[117] 林继红. 推进京津冀协同发展的横向财政转移支付体系的构建 [J]. 税务与经济，2016（02）.

[118] 刘璨，陈珂，刘浩，等. 国家重点生态功能区转移支付相关问题研究——以甘肃五县、内蒙二县为例 [J]. 林业经济，2017，39（03）.

[119] 刘贯春，周伟. 转移支付不确定性与地方财政支出偏向 [J]. 财经研究，2019，45（06）.

[120] 刘纪鹏，许恒，杨璐. "绿水青山就是金山银山"的福利经济学思考——从法治嵌入视角的分析 [J]. 林业经济，2019，41（09）.

[121] 刘剑文. 财税法治的破局与立势——一种以关系平衡为核心的治国之路 [J]. 清华法学，2013，7（05）.

[122] 刘剑文. 中国财政转移支付立法探讨 [J]. 法学杂志，2005(05).

[123] 刘剑文. 我国财税法治建设的破局之路——困境与路径之审

思 [J]. 现代法学, 2013, 35 (03).

[124] 刘剑文. 论财政法定原则——一种权力法治化的现代探索 [J]. 法学家, 2014 (04).

[125] 刘剑文. 论国家治理的财税法基石 [J]. 中国高校社会科学, 2014 (03).

[126] 刘剑文. 财税改革的政策演进及其内含之财税法理论——基于党的十八大以来中央重要政策文件的分析 [J]. 法学杂志, 2016, 37 (07).

[127] 刘剑文. 论领域法学: 一种立足新兴交叉领域的法学研究范式 [J]. 政法论丛, 2016 (05).

[128] 刘剑文, 侯卓. "理财治国" 理念之展开——另一种国家治理模式的探索 [J]. 财税法律评论, 2013, 13.

[129] 刘剑文, 侯卓. 美国 "财政悬崖" 的法学透视及对中国的启示——一种财税法的分析视角 [J]. 法学杂志, 2013, 34 (09).

[130] 刘剑文, 侯卓. 财税法在国家治理现代化中的担当 [J]. 法学, 2014 (02).

[131] 刘剑文, 胡瑞琪. 财政转移支付制度的法治逻辑 [J]. 中国财政, 2015 (16).

[132] 刘剑文, 胡翔. 环保税法: 落实税收法定原则的制度逻辑 [J]. 中国财政, 2017 (10).

[133] 刘剑文, 王桦宇. 公共财产权的概念及其法治逻辑 [J]. 中国社会科学, 2014 (08).

[134] 刘晋宏, 孔德帅, 靳乐山. 生态补偿区域的空间选择研究——以青海省国家重点生态功能区转移支付为例 [J]. 生态学报, 2019, 39 (01).

[135] 刘俊杰. 推进国家治理现代化制度比较优势研究 [J]. 理论探讨, 2019 (06).

[136] 刘骁男. 国家治理视角下的财政法治与法治财政 [J]. 经济研究参考, 2017 (45).

[137] 刘晓光, 王珂. 不同主体功能区生态建设补偿责任探析——基于黑龙江省的调查 [J]. 林业经济, 2017, 39 (12).

[138] 刘勇政，贾俊雪，丁思莹．地方财政治理：授人以鱼还是授人以渔——基于省直管县财政体制改革的研究 [J]．中国社会科学，2019 (07)．

[139] 刘政磐．论我国生态功能区转移支付制度 [J]．环境保护，2014，42 (12)．

[140] 刘志红，王艺明．“省直管县”改革能否提升县级财力水平 [J]．管理科学学报，2018，21 (10)．

[141] 刘作翔．对“法不禁止便自由”的反思——关于公民行为自由的界限以及其他社会规范的作用 [J]．现代法治研究，2016 (01)．

[142] 刘作翔．法理学的定位——关于法理学学科性质、特点、功能、名称等的思考 [J]．朝阳法律评论，2017 (01)．

[143] 刘作翔．法治思维如何形成？——以几个典型案例为分析对象 [J]．甘肃政法学院学报，2018 (01)．

[144] 刘作翔．论重大改革于法有据：改革与法治的良性互动——以相关数据和案例为切入点 [J]．东方法学，2018 (01)．

[145] 刘作翔．“法源”的误用——关于法律渊源的理性思考 [J]．法律科学（西北政法大学学报），2019，37 (03)．

[146] 卢洪友，余锦亮．生态转移支付的成效与问题 [J]．中国财政，2018 (04)．

[147] 鲁莉华，陈世香．我国民族地区基本公共服务均等化研究：回顾与展望 [J]．云南行政学院学报，2018，20 (05)．

[148] 罗怀敬，孔鹏志．区域生态补偿中横向转移支付标准的量化研究 [J]．东岳论丛，2015，36 (10)．

[149] 罗同昱．退耕还林后续法律政策初探——以毕节试验区为例 [J]．农业经济，2009 (04)．

[150] 罗毅，陈斌．深入推进国家重点生态功能区县域生态环境质量监测评价与考核工作 [J]．环境保护，2014，42 (12)．

[151] 吕忠梅．习近平新时代中国特色社会主义生态法治思想研究 [J]．江汉论坛，2018 (01)．

[152] 马海涛，任致伟．我国纵向转移支付问题评述与横向转移支付制

度互补性建设构想［J］．地方财政研究，2017（11）．

［153］马骁，宋媛．反思中国横向财政转移支付制度的构建——基于公共选择和制度变迁的理论与实践分析［J］．中央财经大学学报，2014（05）．

［154］马晓玲．少数民族权利是人权国际保护的重要内容［J］．西南民族学院学报（哲学社会科学版），1999（06）．

［155］苗成斌．以初心和使命引领中华民族伟大复兴［J］．江苏社会科学，2019（06）．

［156］缪宏．解读十八届三中全会决定 生态文明制度建设十大亮点——中国生态文明研究与促进会常务理事黎祖交教授专访［J］．绿色中国，2013（23）．

［157］缪小林，赵一心．生态功能区转移支付对生态环境改善的影响：资金补偿还是制度激励［J］．财政研究，2019（05）．

［158］牛富荣．法治财政、法治政府与腐败治理［J］．经济问题，2016（07）．

［159］潘弘祥．少数民族权利的谱系［J］．中南民族大学学报（人文社会科学版），2006（02）：90－93．

［160］潘弘祥．自治立法的宪政困境及路径选择［J］．中南民族大学学报（人文社会科学版），2008（03）．

［161］潘弘祥，戴小明．中央与民族自治地方政治关系初探［J］．贵州民族研究，2004（03）．

［162］潘弘祥，戴小明．中央与民族自治地方政治关系的制约因素［J］．中南民族大学学报（人文社会科学版），2004（04）．

［163］潘弘祥，李涵伟．少数民族权利保障研究综述［J］．湖北民族学院学报（哲学社会科学版），2008（05）．

［164］潘红祥．法的价值理论的认识论基础之反思［J］．武汉理工大学学报（社会科学版），2009，22（02）．

［165］潘红祥．自治区自治条例出台难的原因分析及对策［J］．北方民族大学学报（哲学社会科学版），2009（03）．

［166］潘红祥．少数民族权利保护的理论基础探析——基于实质平等视

角的分析［J］. 中南民族大学学报（人文社会科学版），2013，33（01）.

［167］潘红祥. 民族自治地方自治权行使的阻却因素与调适对策——基于系统理论的分析［J］. 中南民族大学学报（人文社会科学版），2014，34（06）.

［168］潘红祥. 民族自治地方经济发展与制度重塑——《民族自治地方经济发展的宪政保障研究》述评［J］. 湖北民族学院学报（哲学社会科学版），2014，32（02）.

［169］潘红祥，戴小明. 新疆油气资源开发收益分配机制现状分析与对策研究［J］. 北方民族大学学报（哲学社会科学版），2012（05）.

［170］祁毓，陈怡心，李万新. 生态转移支付理论研究进展及国内外实践模式［J］. 国外社会科学，2017（05）.

［171］秦凤翔，余贞利，孙维，等.《完善生态保护的财税政策研究》课题组，完善生态保护的财税政策研究［J］. 中国财政，2014（15）.

［172］青云，冯朝阳，任亮，等. 推动主体功能区战略格局形成的投资政策研究［J］. 宏观经济管理，2018（10）.

［173］屈学武. 少数民族权利论纲［J］. 中央民族大学学报，1994（01）.

［174］冉艳辉. 民族自治地方自治立法权的保障［J］. 法学，2015（09）.

［175］人民日报社论. 为实现中华民族伟大复兴提供有力保证［J］. 青海党的生活，2019（11）.

［176］任爱华，伍文中. 区域共同开发类横向转移支付体系及运行平台初构［J］. 中国财政，2013（14）.

［177］任世丹. 重点生态功能区生态补偿法律关系研究［J］. 湖北大学学报（哲学社会科学版），2013，40（05）.

［178］任世丹. 重点生态功能区生态补偿正当性理论新探［J］. 中国地质大学学报（社会科学版），2014，14（01）.

［179］阮文杰. 全面依法治国的路径探究［J］. 河南大学学报（社会科学版），2019，59（06）.

[180] 沈茂英．重点生态功能区生态建设与生态补偿制度研究 [J]．四川林勘设计，2014 (03)．

[181] 石意如．主体功能区生态预算 DSR 评价体系的构建 [J]．财会月刊，2016 (33)．

[182] 石意如．主体功能区生态预算问责体系的构建 [J]．财会月刊，2018 (01)．

[183] 石意如，向鲜花．主体功能导向下的横向转移支付研究 [J]．财会月刊，2016 (03)．

[184] 史丹，吴仲斌．支持生态文明建设中央财政转移支付问题研究 [J]．地方财政研究，2015 (03)．

[185] 宋彪．主体功能区规划的法律问题研究 [J]．中州学刊，2016 (12)．

[186] 宋才发，王乐宇．民族地区生态治理的法治探讨 [J]．黑龙江民族丛刊，2018 (05)．

[187] 苏明，刘军民．创新生态补偿财政转移支付的甘肃模式 [J]．环境经济，2013 (07)．

[188] 孙然好，李卓，陈利顶．中国生态区划研究进展：从格局、功能到服务 [J]．生态学报，2018，38 (15)．

[189] 孙新章，鲁春霞．国家重点生态功能区生态补偿制度建设的主要问题与对策研究（英文）[J]．Journal of Resources and Ecology，2015，6 (06)．

[190] 孙叶萌．德国财政转移支付制度经验借鉴 [J]．环境保护，2014，42 (12)．

[191] 谭洁．民族地区重点生态功能区财政转移支付法治化研究——以广西三江、龙胜、恭城、富川为例 [J]．中南民族大学学报（人文社会科学版），2019，39 (01)．

[192] 唐仕钧．重点生态功能区生态补偿机制研究 [J]．价格月刊，2015 (02)．

[193] 陶文昭．党的领导与国家治理现代化 [J]．中国党政干部论坛，

2019 (10).

[194] 田开春. 重点生态功能区生态补偿制度建设研究——以张家界市为例 [J]. 环境保护与循环经济, 2015, 35 (10).

[195] 宋才发, 宋强. 民族地区生态环境保护的法治探讨 [J]. 民族学刊, 2018, 9 (05).

[196] 童之伟. 公民权利国家权力对立统一关系论纲 [J]. 中国法学, 1995 (06).

[197] 童之伟. 单一制、联邦制的理论评价和实践选择 [J]. 法学研究, 1996 (04).

[198] 童之伟. 当代中国应当确立什么样的法本质观——法的本质研究之三 [J]. 法学, 1998 (12).

[199] 童之伟. 法的本质是一种实在还是一种虚无——法的本质研究之一 [J]. 法学, 1998 (10).

[200] 童之伟. 法律关系的内容重估和概念重整 [J]. 中国法学, 1999 (06).

[201] 童之伟. 权利本位说再评议 [J]. 中国法学, 2000 (06).

[202] 童之伟, 江晓光. 对国家实质的再认识 [J]. 社会主义研究, 1996 (04).

[203] 涂少彬. 少数民族发展权的宪政定位 [J]. 中南民族大学学报 (人文社会科学版), 2009, 29 (05).

[204] 汪彤. 共享税模式下的地方税体系: 制度困境与路径重构 [J]. 税务研究, 2019 (01).

[205] 汪习根. 论人本法律观的科学含义——发展权层面的反思 [J]. 政治与法律, 2007 (03).

[206] 汪习根. 论发展权的法律救济机制 [J]. 现代法学, 2007 (06).

[207] 汪习根. 发展权全球法治机制构建的新思路 [J]. 苏州大学学报 (哲学社会科学版), 2008 (05).

[208] 汪习根. 民生法治的一个焦点——农民工平等发展权的法律保障 [J]. 法学论坛, 2012, 27 (06).

[209] 汪习根．着力提升中国发展权话语体系的国际影响力 [J]．红旗文稿，2016 (12)．

[210] 汪习根．着力提升中国发展权话语体系的国际影响力 [J]．公关世界，2016 (12)．

[211] 汪习根，桂晓伟．论发展权全球保障评价机制的构建 [J]．法治研究，2007 (12)．

[212] 汪习根，桂晓伟．论发展权认知障碍的超越 [J]．河北法学，2007 (12)．

[213] 汪习根，桂晓伟．论发展权全球保护的对话机制 [J]．中南民族大学学报 (人文社会科学版)，2008 (01)．

[214] 汪习根，桂晓伟．论发展与对话——全球化背景下发展权对话机制探析 [J]．河南省政法管理干部学院学报，2008 (01)．

[215] 汪习根，何苗．生态权益法治保障制度构建新思路——基于“共识导向”的环境司法改革思考 [J]．广州大学学报 (社会科学版)，2015，14 (01)．

[216] 汪习根，吕宁．区域发展权法律制度的基本原则 [J]．中南民族大学学报 (人文社会科学版)，2010 (02)．

[217] 汪习根，彭建军．论区域发展权的本质属性及法律实践 [J]．中南民族大学学报 (人文社会科学版)，2009，29 (06)．

[218] 汪习根，滕锐．论区域发展权法律激励机制的构建 [J]．中南民族大学学报 (人文社会科学版)，2011，31 (02)．

[219] 汪习根，王信川．论文化发展权 [J]．太平洋学报，2007 (12)．

[220] 汪习根，王康敏．论区域发展权与法理念的更新 [J]．政治与法律，2009 (11)：2-9.

[221] 汪习根，王琪璟．论“资源节约型、环境友好型社会”的法治理念 [J]．甘肃政法学院学报，2009 (01)．

[222] 汪习根，王琪璟．论发展权法律指标体系之构建 [J]．武汉大学学报 (哲学社会科学版)，2009，62 (06)．

[223] 汪习根，吴凡．论中国对“发展权”的创新发展及其世界意

义——以中国推动和优化与发展中国家的合作为例［J］. 社会主义研究，2019（05）.

［224］汪习根，杨丰菀．论农民平等发展权［J］. 湖北社会科学，2009（09）.

［225］汪习根，朱林．新常态下发展权实现的新思路［J］. 理论探索，2016（01）.

［226］王灿发，江钦辉．论生态红线的法律制度保障［J］. 环境保护，2014，42（Z1）.

［227］王达梅．我国横向财政转移支付制度的政治逻辑与模式选择［J］. 当代财经，2013（03）.

［228］王德凡．基于区域生态补偿机制的横向转移支付制度理论与对策研究［J］. 华东经济管理，2018，32（01）.

［229］王恒．西部民族地区生态治理路径探析［J］. 宏观经济管理，2019（07）.

［230］王华，王珏，王石．美丽中国视域下主体功能区建设中的利益驱动机制［J］. 西安交通大学学报（社会科学版），2018，38（05）.

［231］王佳宜．以衡平理念与财税法治规范收入分配——基于财政规模的形式公平与实质公平［J］. 财会月刊，2017（06）.

［232］王杰茹，岳军．论现代财政制度下的财政监督——基于法治和受托责任的二维视角［J］. 当代财经，2016（08）.

［233］王克群，许军振．坚持绿色发展　推进生态文明体制改革［J］. 理论与现代化，2016（02）.

［234］王婷婷．论参与式预算实施的现实瓶颈及其在我国的构建——兼谈我国《预算法》的修改及完善［J］. 政法学刊，2013，30（01）.

［235］王玮．"对口支援"不宜制度化为横向财政转移支付［J］. 地方财政研究，2017（08）.

［236］王希恩．民族文化与普同文化及其在当代中国的转易［J］. 兰州学刊，2017（05）.

［237］王璇．生态转移支付研究综述及对我国的启示［J］. 经济研究导

刊，2015（05）.

［238］王怡璞．央地财政关系治理视角下的分类拨款模式改革［J］．财政监督，2018（03）.

［239］吴兵，苗丹．经济法公平理念探究［J］．商业时代，2012（11）.

［240］吴传毅．国家治理体系治理能力现代化：目标指向、使命担当、战略举措［J］．行政管理改革，2019（11）.

［241］吴丹，邹长新，林乃峰，等．基于主体功能区规划的长江经济带生态状况变化［J］．长江流域资源与环境，2018，27（08）.

［242］吴琼．二十年来我国民族发展理论研究综述［J］．贵州民族研究，2009，29（03）.

［243］吴越．国外生态补偿的理论与实践——发达国家实施重点生态功能区生态补偿的经验及启示［J］．环境保护，2014，42（12）.

［244］吴增基．正确认识社会主义初级阶段的公平理念［J］．社会科学，2006（05）.

［245］伍文中．从对口支援到横向财政转移支付：文献综述及未来研究趋势［J］．财经论丛，2012（01）.

［246］伍文中．构建有中国特色的横向财政转移支付制度框架［J］．财政研究，2012（01）.

［247］伍文中，段铸．基本财力均等视角下横向转移支付路径及实证模拟［J］．财经论丛，2013（02）.

［248］伍文中，唐霏，陈平．民族地区精准化脱贫进程中横向转移支付机制构建［J］．经济研究参考，2016（26）.

［249］伍文中，张杨，刘晓萍．从对口支援到横向财政转移支付：基于国家财政均衡体系的思考［J］．财经论丛，2014（01）.

［250］夏正华．民族自治地方环境权益保护的法治化路径［J］．贵州民族研究，2016，37（05）.

［251］肖金成．实施主体功能区战略　建立空间规划体系［J］．区域经济评论，2018（05）.

［252］肖育才，谢芬．民族地区财政转移支付效应评价［J］．中南财经

政法大学学报，2013（01）.

［253］谢高地，曹淑艳，鲁春霞，等．中国生态补偿的现状与趋势（英文）［J］．Journal of Resources and Ecology，2015，6（06）.

［254］谢勇才．由形式公平走向实质公平：失独家庭扶助制度的理性选择［J］．江淮论坛，2016（03）.

［255］谢作渺，丁可，弋生辉．我国民族生态环境研究的发展脉络与趋势——基于近20年CSSCI文献的Citespace可视化分析［J］．中央民族大学学报（哲学社会科学版），2018，45（05）.

［256］新华社评论员．筑牢实现伟大复兴的制度保障——论学习贯彻党的十九届四中全会精神［J］．人民法治，2019（21）.

［257］邢春娜，唐礼智．中央财政转移支付缩小民族地区与沿海地区收入差距研究［J］．贵州民族研究，2019，40（02）.

［258］项迎芳，王义保．多元面向的风险反思与风险治理［J］．领导科学，2019（20）.

［259］徐广亚．民族地区进行省直管县财政体制改革的路径探析［J］．广西民族研究，2014（05）.

［260］徐鸿翔，张文彬．国家重点生态功能区转移支付的生态保护效应研究——基于陕西省数据的实证研究［J］．中国人口·资源与环境，2017，27（11）.

［261］徐奕斐．习近平新时代中国特色社会主义法治思想研究［J］．山东社会科学，2018（07）.

［262］郇庆治．环境政治学视角的生态文明体制改革与制度建设［J］．中共云南省委党校学报，2014，15（01）.

［263］亚飞，樊杰．中国主体功能区核心——边缘结构解析［J］．地理学报，2019，74（04）.

［264］杨春蓉．建国70年来我国民族地区生态环境保护政策分析［J］．西南民族大学学报（人文社科版），2019，40（09）.

［265］杨明洪，刘建霞．横向转移支付视角下省市对口援藏制度探析［J］．财经科学，2018（02）.

[266] 杨晓萌．中国生态补偿与横向转移支付制度的建立 [J]．财政研究，2013（02）．

[267] 杨叶红．习近平全面依法治国新理念新思想新战略的理论探源 [J]．湖南社会科学，2019（05）．

[268] 姚东旻，王麒植，李静．事权属性与专项转移支付——来自省级差异的博弈均衡 [J]．经济科学，2018（05）．

[269] 于畅．县际财力差异和省内横向财政转移支付制度构想——以山东省为例 [J]．地方财政研究，2013（01）．

[270] 余俊．《立法法》在民族自治地区施行的相关问题 [J]．地方立法研究，2017，2（01）．

[271] 云南省财政厅．实施财政监督“组合拳” 打造法治财政 [J]．中国财政，2016（14）．

[272] 云南省财政厅课题组．国家治理视角下专项转移支付：改革与重构 [J]．预算管理与会计，2018（10）．

[273] 翟国强．全面依法治国是中国特色社会主义的本质要求 [J]．马克思主义研究，2019（07）．

[274] 张冬梅．财政转移支付民族地区生态补偿的福利经济学诠释 [J]．社会科学战线，2013（02）．

[275] 张冬梅．财政转移支付完善民族地区生态补偿的建议 [J]．中国财政，2013（16）．

[276] 张丽丽，任建华，韩瑞娟．对口援疆横向财政转移支付制度构建 [J]．地方财政研究，2012（02）．

[277] 张涛，成金华．湖北省重点生态功能区生态补偿绩效评价 [J]．中国国土资源经济，2017，30（05）．

[278] 张婉苏．我国财税法中转移支付的公平正义——以运行逻辑与实现机制为核心 [J]．政治与法律，2018（09）．

[279] 张文彬，李国平．国家重点生态功能区转移支付动态激励效应分析 [J]．中国人口·资源与环境，2015，25（10）．

[280] 张文国，饶胜，张箫，等．把握划定并严守生态保护红线的八个

要点 [J]. 环境保护, 2017, 45 (23).

[281] 张文显. 新思想引领法治新征程——习近平新时代中国特色社会主义思想对依法治国和法治建设的指导意义 [J]. 法学研究, 2017, 39 (06).

[282] 张箫, 饶胜, 何军, 等. 生态保护红线管理政策框架及建议 [J]. 环境保护, 2017, 45 (23).

[283] 张怡. 税收法定化: 从税收衡平到税收实质公平的演进 [J]. 现代法学, 2015, 37 (03).

[284] 张忠利. 生态文明建设视野下空间规划法的立法路径研究 [J]. 河北法学, 2018, 36 (10).

[285] 赵玉涛. 对当前形势下退耕还林的若干思考 [J]. 水土保持研究, 2010, 17 (04).

[286] 赵玉涛. 继续实施退耕还林的必要性与可行性分析 [J]. 生态经济, 2010 (07).

[287] 赵云旗. 优化我国转移支付结构研究 [J]. 中国财政, 2015 (16).

[288] 赵珍, 王宏丽. 民族地区财政政策实施效果及政策建议——基于2006~2014年财政转移支付数据的考察 [J]. 经济研究参考, 2017 (22).

[289] 郑浩生, 李宁. 财政分权制度现代化: 价值、困境与路径 [J]. 地方财政研究, 2019 (08).

[290] 郑雪梅. 生态补偿横向转移支付制度探讨 [J]. 地方财政研究, 2017 (08).

[291] 钟大能. 推进国家重点生态功能区建设的财政转移支付制度困境研究 [J]. 西南民族大学学报 (人文社会科学版), 2014, 35 (04).

[292] 钟兴菊. 地方性知识与政策执行成效——环境政策地方实践的双重话语分析 [J]. 公共管理学报, 2017, 14 (01).

[293] 周直. 中华民族伟大复兴的思想基础 [J]. 南京社会科学, 2019 (09).

[294] 朱九龙. 南水北调中线水源区生态补偿标准与资金分配方式 [J]. 水电能源科学, 2017, 35 (04).

[295] 朱九龙，王俊，陶晓燕，等. 基于生态服务价值的南水北调中线水源区生态补偿资金分配研究 [J]. 生态经济，2017，33 (06).

[296] 邹赟. 完善重点生态功能区生态补偿机制研究 [J]. 价格月刊，2014 (06).

(二) 外文类论文

[1] Allen A O, Feddema J J. Wetland loss and substitution by the permit program in southern California, US [J]. Environmental Management. 1996, 20 (22).

[2] Biggs B J F, Duncan M J, Jowett I G, et al. Ecological characterization, classification, and modeling off New Zealand river: an introduction and synthesis [J]. New Zealand Journal of Marine and Fresh water Research, 1990 (24).

[3] Buizer M, Elands B, Vierikko K. Governing cities reflexively—The biocultural diversity concept as an alternative to ecosystem services [J]. Environmental Science & Policy, 2016 (62).

[4] Costanza R, d'Arge R, de Groot R, et al. The value of the world's ecosystem services and natural capital [J]. Nature, 1997 (387).

[5] Cuperus R, Caters K J, Piepers A A G. Ecological compensation of the impacts of a road: preliminary method of A 50 road link [J]. Ecological Engineering, 1996 (7).

[6] Hannam A. A method to identify and evaluate the legal and institutional framework for the management of water and land in Asia: the outcome of a study of Southeast Asia and the Peoples' Republic of China [R]. Sri Lanka: International Water Management Institute, 2003.

[7] Herzog F, Dreier S, Hofer G, et al. Effect of ecological compensation a reason floristic and breeding bird diversity in Swiss agricultural landscapes [J]. Agriculture, Ecosystems and Environment, 2005 (108).

[8] May P H. The effectiveness and fairness of the "Ecological ICMS" as a fiscal transfer for biodiversity conservation, a tale of two municipalities in Mato Grosso [R]. ESEE Conference, 2013.

[9] Merriam C H. Life zones and crop zones of the United States: bullrtin divi-

sion biological survey [R]. Washington DC: US Department of Agriculture, 1898.

[10] Morana, McVittie A, Allcroft D J, et al. Quantifying public preferences for agri-environmental policy in Scotland: a comparison of methods [J]. Ecological Economics, 2007, 63 (1).

[11] Naess A. The shallow and the deep, long-range ecology movement: a summary [J]. Inqury, 1973 (16).

[12] Pagiola S, Arcenas A, Platais G. Can payments for environmental services help reduce poverty? An exploration of the issues and the evidence to date from Latin America [J]. World Development. 2005, 33 (2).

[13] Plantinga A J. The supply of land for conservation uses: evidence from the reservation reserve program [J]. Resource, Conservation and Recycling, 2001 (31).

[14] Rajeev K J, Krishnamurthy I J. Regional study for mapping the natural resources prospect & problem zones using remote sensing and GIS [J]. Geocarto International, 2005, 20 (3).

[15] Raiser M. Subsidising inequality: economic reforms, fiscal transfers and convergence across Chinese provinces. The Journal of Development Studies, 1998, 34 (3).

[16] Renzsch W. Financing German unity: fiscal conflict resolution in a complex federation. Publics, 1998, 28 (4).

[17] Rui S, Ring I, Antunes P. Fiscal transfers for biodiversity conservation: the Portuguese local finances law. Land Use Policy, 2012, 29 (2).

[18] Sierra R, Russman E. On the efficiency of environmental service payments: a forest conservation assessment in the Osa Peninsula, Costa Rica [J]. Ecological Economics, 2006 (59).

[19] Treisman D. The politics of intergovernmental transfers in Post-Soviet Russia. British Journal of Political Science, 1996 (26).

[20] Treisman D. Deciphering Russia's federal finance: fiscal appeasement in 1995 and 1996. Europe-Asia Studies, 1998, 50 (5).

[21] Treisman D. Fiscal redistribution in a fragile federation: Moscow and the regions in 1994. British Journal of Political Science, 1998 (28).

[22] Thomas P, et al. Contingent valuation, net marginal benefits, and the scale of riparian ecosystem restoration [J]. Ecological Economics. 2004 (49).

[23] Wunder S. Payment for environmental services: some nuts and bolts [R]. CIFOR Occasional Paper, 2005.

[24] Zbinden S, Lee D R. Paying for environmental services: an analysis of participation in Costa Rica's PSA Program [J]. World Development, 2005, 33 (2).

[25] Zou Heng-fu. Dynamic effects of federal grants in local spending. Journal of Urban Economics, 1994 (36).

[26] Zou Heng-fu. Taxes, federal grants, local public spending, and growth. Journal of Urban Economics, 1996 (39).

三、析出文献

[1] 高刚．科学治贫的逻辑转换 [A] //吴大华，张学立，黄乘伟，叶韬. 生态文明建设与精准脱贫 [C]. 北京：社会科学文献出版社，2018.

[2] 刘剑文．财税法学研究的大格局与新视野 [A] //中国法学会财税法学研究会．中国财税法学研究会 2015 年年会暨第二十三届海峡两岸财税法学术研讨会论文集 [C]. 北京：法律出版社，2015.

[3] 冉艳辉．民族地区经济协作的利益协调机制研究——武陵山龙凤经济协作示范区引发的思考 [A] //中国法学会民族法学研究会．2013 年中国民族法学年会论文集 [C]. 内部刊印，2013.

[4] 王金南，万军，张惠远，葛察忠，高树婷，饶胜．中国生态补偿政策评估与框架初探 [A] // 王金南，庄国泰主编．生态补偿机制与政策设计 [C]. 北京：中国环境科学出版社，2006.

四、学位论文

[1] 程进．我国生态脆弱民族地区空间冲突及治理机制研究 [D]. 华东

师范大学博士学位论文，2013.

［2］陈作成．新疆重点生态功能区生态补偿机制研究［D］．石河子大学博士学位论文，2014.

［3］付淑娥．论环境人格权［D］．吉林大学博士学位论文，2015.

［4］郭杰．生态文明视域中的环境权解说维度研究［D］．吉林大学博士学位论文，2016.

［5］侯怀霞．私法上的环境权及其救济问题研究［D］．中国海洋大学博士学位论文，2008.

［6］林蔚．论环境权保障的政府责任［D］．华南理工大学博士学位论文，2015.

［7］逯元堂．中央财政环境保护预算支出政策优化研究［D］．财政部财政科学研究所博士学位论文，2011.

［8］倪志龙．财政转移支付法律制度研究［D］．西南政法大学博士学位论文，2009.

［9］孙磊．环境相邻权研究［D］．黑龙江大学博士学位论文，2014.

［10］王晓玲．主体功能区规划下的财政转型研究［D］．天津财经大学博士学位论文，2013.

［11］苑银和．环境正义论批判［D］．中国海洋大学博士学位论文，2013.

［12］于忠春．人权视角下的环境权研究［D］．吉林大学博士学位论文，2006.

［13］张思思．作为宪法权利的环境权研究［D］．武汉大学博士学位论文，2013.

［14］赵素艳．财政转移支付程序法控制研究［D］．辽宁大学博士学位论文，2016.

五、报纸文章

［1］常纪文．生态文明体制改革的五点建议［N］．中国环境报，2017－01－17（003）.

[2] 郭兴全. 为实现中华民族伟大复兴的中国梦提供有力保证 [N]. 陕西日报, 2019-11-25 (006).

[3] 蓝碧霞. 强化生态文明体制改革顶层设计 [N]. 厦门日报, 2016-07-30 (A01).

[4] 刘剑文. 财税法治呼唤制定财政基本法 [N]. 中国社会科学报, 2015-01-28 (A08).

[5] 刘剑文. 财税法治是通往法治中国的优选路径 [N]. 法制日报, 2014-07-16 (011).

[6] 刘剑文. 基本财政制度设计应以立法形式确立 [N]. 中国财经报, 2015-02-10 (007).

[7] 刘剑文. 以法治方式建立现代财政制度 [N]. 社会科学报, 2017-01-19 (003).

[8] 雷振扬. 坚定不移地坚持和完善民族区域自治制度 [N]. 光明日报, 2014-08-01 (007).

[9] 潘红祥. 民族地区生态文明建设的制度路径 [N]. 光明日报, 2013-09-04 (011).

[10] 苏振锋. 推进生态补偿标准化动态化 [N]. 中国环境报, 2013-11-22 (002).

[11] 涂刚鹏. 筑牢伟大复兴的制度保障 [N]. 海南日报, 2019-11-26 (A04).

[12] 颜晓峰. 实现中华民族伟大复兴的重大战略 [N]. 宁波日报, 2019-11-14 (007).

[13] 张东风. 湖南省常务副省长在生态文明体制改革调度会上提出搭建生态文明体制改革框架 [N]. 中国环境报, 2016-09-05 (002).

后　记

本书是在国家社科基金项目最终成果的基础上，吸纳各方意见，经反复修改而成。国家社科基金项目的完成过程极为艰辛，是对学者科研能力的集中检验。在此，首先感谢我的导师潘红祥教授。正式拜入潘门之后，老师就想方设法激发我的学术灵感、树立我的学术自信。在老师的启发和鼓励下，我撰写了2018年国家社科基金项目申报书并顺利获得立项。此后，老师又为我引荐专业领域的大家、带我参加学术会议、以身示范教我田野调查的技巧，循循善诱地引导我，潜移默化地影响我。在写作陷入困境的时候，老师总能耐心地开导我，及时帮我理清思路，给予我豁然开朗的点拨。正是在老师的包容、理解、鼓励和帮助下，我的学术潜力才得以深入挖掘，学术自信不断增强。老师开阔的视野、深厚的学术功底、高屋建瓴的观点、严谨求实的治学态度、事半功倍的学习方法、乐观豁达的人生态度，让我深受启发、受益无穷。

我还要感谢雷振扬教授的指导和教诲。雷老师学识渊博、学术成果丰硕、为人低调谦和、正直廉明，是学生心目中的楷模。当年本科毕业考上雷老师的硕士，却因为各种原因放弃了宝贵的深造机会，一直心存遗憾和愧疚，对雷老师也常怀有一种莫名的亲切感和感恩之心。能够聆听雷老师的指教，领略大家的学术风范，是我的荣幸。雷老师对我关心备至，国家社科基金项目的申报、调研资料的搜集、成果的撰写，都离不开雷老师的关心和指导。每一次与雷老师交流，他都不厌其烦地为我答疑解惑，激发我的灵感，坚定我的信心，对此，我的内心充满了感激。

国家社科基金项目的顺利完成离不开同事朱继胜教授的关心和指导。朱教授于我亦兄亦友，其深厚的学术修养、扎实的学术功底、严谨的治学态度令我钦佩不已，他以博士论文为基础出版的书籍《知识财产论》和相关论文同时荣获广西第十五次哲学社会科学优秀成果一等奖和二等奖。在我撰写国家社科基金成果之时，朱兄就雪中送炭地赠予书籍，并将其博士论文写作的宝贵经验毫无保留地传授给我，为我指点迷津；在我写作的关键阶段，他经常询问我的写作思路、督促写作进度，与朱兄的学术交流常常令我茅塞顿开，在此特别致谢！

感谢在调研过程中给予我大力支持和帮助的广西发改委石莹处长、广西财政厅预算处韦慧娟主任、广西生态环境厅监测处廖平德处长，以及都安县、金秀县、马山县、上林县、三江县、龙胜县、恭城县、富川县、兴安县的县政府、财政局、生态环境局、发改局的领导和工作人员，是他们不辞辛劳、力所能及地为调研提供方便，我才能获得丰富的一手资料。在基层调研的过程中，特别值得一提的是都安县梁鋒副县长、财政局预算股韦丁力股长和经济建设股黄华东股长，他们基层工作经验丰富，看待问题细致周全，处理问题的手段也灵活多元，他们给予的宝贵建议大大提高了我的调研效率，为我的资料搜集和文稿写作提供了重要线索。

最后要特别感谢我的父母，以及我的丈夫莫瑞福先生和宝贝莫平生，如果不是他们全力以赴地支持我，一如既往地鼓励我，为我解除后顾之忧，我绝不可能全身心投入艰难的创作当中，无法在充满荆棘与挑战的学术道路上坚持到底。同时还要感谢我的工作单位广西民族大学法学院、广西中华民族共同体意识研究院的领导对我的支持和帮助。

谭 洁

2023 年 3 月 18 日晚

于相思湖畔